沙尘天气年鉴

2009年

中国气象局 编

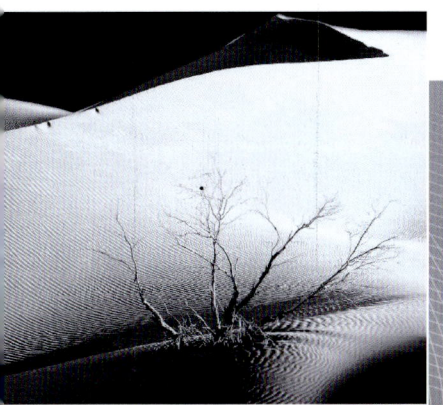

SAND-DUST WEATHER ALMANAC 2009

图书在版编目(CIP)数据

沙尘天气年鉴. 2009年 / 中国气象局编. —北京：气象出版社，2010.6
ISBN 978-7-5029-4991-4

Ⅰ. 沙… Ⅱ. 中… Ⅲ. 沙暴-中国-2009-年鉴
Ⅳ. P425.5-54

中国版本图书馆CIP数据核字(2010)第091482号

气象出版社 出版
(北京市海淀区中关村南大街46号　邮编：100081)
总编室：010-68407112　　发行部：010-68409198
网址：http://www.cmp.cma.gov.cn　　E-mail:qxcbs@263.net
责任编辑：陈　红　　　终审：周诗健
装帧设计：博雅思企划　　责任校对：石　仁
*
北京朝阳印刷厂有限责任公司印刷
气象出版社 发行
*
开本：787×1092　1/16　印张：4.5　字数：110千字
2010年6月第1版　　2010年6月第1次印刷
定价：45.00元

本书如存在文字不清、漏印以及缺页、倒页、脱页等，请与本社发行部联系调换

《沙尘天气年鉴》（2009年）编写人员

主　　　　编： 曲晓波

副　主　　编： 张金艳　宗志平　乔　林

国 家 气 象 中 心： 樊利强　符娇兰　张亚妮　韦　青　牛若芸
　　　　　　　　　　赵　瑞　吴焕萍　吕终亮　韩燕革

国 家 气 候 中 心： 杨明珠　艾婉秀　侯　威　孙家民　钟海玲

国家卫星气象中心： 王　瑾　李小龙

北 京 市 气 象 局： 陈大刚　舒文军

前 言

　　沙尘天气是风将地面尘土、沙粒卷入空中，使空气混浊的一种天气现象的统称，是影响我国北方地区的主要灾害性天气之一。强沙尘天气的发生往往给当地人民的生命财产造成巨大损失。

　　近年来，随着社会、经济的发展，沙尘天气给国民经济、生态环境和社会活动等诸多方面造成的灾害性影响越来越受到社会各界和国际上的关注。我国对沙尘天气也越来越重视，监测手段的逐渐增多以及沙尘天气研究工作取得的进展，使沙尘天气的预报水平不断地提高，为防御和减轻沙尘天气造成的损失做出了重要贡献。

　　为了适应沙尘天气科学研究的需要，也为各级气象台站气象业务技术人员提供更充分的沙尘天气信息，更好地掌握沙尘天气活动规律，提高预报准确率，国家气象中心组织整编了《沙尘天气年鉴》（2009年）。年鉴中有关资料承蒙全国各有关省、直辖市、自治区气象局的大力协作和支持，使编写工作得以顺利完成。

　　《沙尘天气年鉴》（2009年）的内容包括对2009年沙尘天气过程概况的描述和沙尘天气产生的气象条件的分析，全年和逐月沙尘天气时空分布及主要沙尘天气过程相关图表等。

FOREWORD

Sand-dust weather is the phenomenon that wind blows dust and sand from ground into the air and makes it turbid. It's one of the main disastrous weather phenomena influencing northern areas of our country. Great casualties of people's lives and properties occur in these areas because of severe sand-dust weather.

In recent years, with the development of society and economy, the disastrous influence of sand-dust weather on national economy, ecology and social life has become a hot issue in China, even in the world. With more and more attention to sand-dust weather and gradual increment of monitoring ways, the sand-dust weather research has been made and forecast level for this kind of weather has been improved, which contributes a lot to loss mitigation and sand-dust weather prevention.

In order to meet the requirements of sandstorm research, provide more sufficient sand-dust weather information for weather forecasters, National Meteorological Center compiled this "Sand-dust Weather Almanac 2009". The volume of almanac not only assists us by obtaining further knowledge on the behavior of sandstorm and improving forecast accuracy but provides better service for prevention of sandstorm as well. Thanks for the contribution of sand-dust data from relevant meteorological sections. We own the success of this compilation to the great support of all the meteorological observatories and stations country-wide.

"Sand-dust Weather Almanac 2009" covers the annual general situation and meteorological background of sand-dust weather, annual and monthly temporal and spatial distribution charts of different types of sand-dust weather, as well as some charts and tables of main sand-dust weather cases in 2009.

说　明

一、沙尘天气及沙尘天气过程的定义

本年鉴有关沙尘天气及沙尘天气过程的定义执行国家标准 GB/T 20480－2006《沙尘暴天气等级》。

沙尘天气分为浮尘、扬沙、沙尘暴、强沙尘暴和特强沙尘暴五类。

1. 浮尘：当天气条件为无风或平均风速≤3.0 m/s时，尘沙浮游在空中，使水平能见度小于10 km的天气现象。
2. 扬沙：风将地面尘沙吹起，使空气相当混浊，水平能见度在1～10 km以内的天气现象。
3. 沙尘暴：强风将地面尘沙吹起，使空气很混浊，水平能见度小于1 km的天气现象。
4. 强沙尘暴：大风将地面尘沙吹起，使空气非常混浊，水平能见度小于500 m的天气现象。
5. 特强沙尘暴：狂风将地面尘沙吹起，使空气特别混浊，水平能见度小于50 m的天气现象。

沙尘天气过程分为五类：浮尘天气过程、扬沙天气过程、沙尘暴天气过程、强沙尘暴天气过程和特强沙尘暴天气过程。

1. 浮尘天气过程：在同一次天气过程中，相邻5个或5个以上国家基本（准）站在同一观测时次出现了浮尘的沙尘天气。
2. 扬沙天气过程：在同一次天气过程中，相邻5个或5个以上国家基本（准）站在同一观测时次出现了扬沙或更强的沙尘天气。
3. 沙尘暴天气过程：在同一次天气过程中，相邻3个或3个以上国家基本（准）站在同一观测时次出现了沙尘暴或更强的沙尘天气。
4. 强沙尘暴天气过程：在同一次天气过程中，相邻3个或3个以上国家基本（准）站在同一观测时次成片出现了强沙尘暴或特强沙尘暴天气。
5. 特强沙尘暴天气过程：在同一次天气过程中，相邻3个或3个以上国家基本（准）站在同一观测时次出现了特强沙尘暴的沙尘天气。

为了同往年《沙尘天气年鉴》统一，依照中国气象局《沙尘天气预警业务服务暂行规定(修订)》（气发[2003]12号），本年鉴只统计和分析浮尘、扬沙、沙尘暴和强沙尘暴四类以及浮尘天气过程、扬沙天气过程、沙尘暴天气过程和强沙尘暴天气过程四类。

二、资料与统计方法

2009年沙尘天气日数和站数、沙尘天气过程和强度等是逐日8个时次（时界：北京时00时）地面观测资料的统计结果。

具体统计方法如下：

1. 对测站沙尘日、扬沙日、沙尘暴日、强沙尘暴日的规定：
（1）某测站一日8个时次只要有一个时次出现沙尘天气，则该站记有一个沙尘日；
（2）某测站一日8个时次只要有一个时次出现了扬沙、沙尘暴或强沙尘暴，记有一个扬沙日；
（3）某测站一日8个时次只要有一个时次出现沙尘暴或强沙尘暴，记有一个沙尘暴日；
（4）某测站一日8个时次只要有一个时次出现强沙尘暴，记有一个强沙尘暴日。

2. 对某一天沙尘天气、扬尘、沙尘暴、强沙尘暴站数的规定：
（1）某一天出现沙尘天气站数的总和为该日的沙尘天气站数；
（2）某一天出现扬沙、沙尘暴及强沙尘暴站数的总和为该日的扬沙站数；
（3）某一天出现沙尘暴及强沙尘暴站数的总和为该日的沙尘暴站数；
（4）某一天出现强沙尘暴站数的总和为该日的强沙尘暴站数。

3. 对某一统计时段内沙尘天气总站日数的规定：
（1）统计时段内逐日沙尘天气站数的总和为该时段的沙尘天气总站日数；
（2）统计时段内逐日扬沙站数的总和为该时段的扬沙总站日数；
（3）统计时段内逐日沙尘暴站数的总和为该时段的沙尘暴总站日数；
（4）统计时段内逐日强沙尘暴站数的总和为该时段强沙尘暴总站日数。

三、沙尘天气过程编号标准

国家气象中心对每年移入或发生在我国范围内的扬沙、沙尘暴、强沙尘暴天气过程按照其出现的先后次序进行编号，编号用6位数码，前四位数码表示年份，后两位数码表示出现的先后次序。例如：2009年出现的第6次沙尘天气过程应编为"200906"。

四、沙尘天气过程纪要表内容

沙尘天气过程纪要表包括该年出现的所有扬沙、沙尘暴和强沙尘暴天气过程，其相关内容包括：沙尘天气过程编号、起止时间、过程类型、主要影响系统、扬沙和沙尘暴影响范围和风力。其中主要影响系统是指引起沙尘天气的地面天气尺度的天气系统，主要包括冷锋、气旋、低气压。冷锋是冷气团占主导地位推动暖气团移动的冷、暖空气过渡带，锋后常伴有大风。低气压是指中心气压低于四周并具有闭合等压线的天气系统。蒙古气旋产生于蒙古国或我国内蒙古，它由两到三种冷、暖气团交汇而成，通常从气旋中心往外有冷锋、暖锋或锢囚锋生成，气旋发展强烈时常出现大风。

五、年及各月沙尘天气日数分布图

年及各月沙尘天气日数分布图包括年及各月沙尘天气出现日数分布图、扬沙天气出现日数分布图、沙尘暴天气出现日数分布图和强沙尘暴天气出现日数分布图。

六、沙尘天气过程图表

沙尘天气过程图表包括沙尘天气过程描述表、沙尘天气范围图、500hPa环流形势图、地面天气形势图及气象卫星监测图像等。沙尘天气过程描述表中的最大风速是从该次沙尘天气过程中所有出现沙尘天气站点的定时观测中统计出来的最大风速。500hPa环流形势图、地面天气形势图的选用原则是能充分反映造成该次沙尘天气过程的环流形势及影响系统，图中G（D）表示高（低）气压中心，L（N）表示冷（暖）空气中心。

七、沙尘天气路径划分标准

沙尘天气路径分为偏北路径型、偏西路径型、西北路径型、南疆盆地型和局地型五类。

1. 偏北路径型：沙尘天气起源于蒙古国或我国东北地区西部，受偏北气流引导，沙尘主体自北向南移动，主要影响西北地区东部、华北大部和东北地区南部，有时还会影响到黄淮等地；
2. 偏西路径型：沙尘天气起源于蒙古国、我国内蒙古西部或新疆南部，受偏西气流引导，沙尘主体向偏东方向移动，主要影响我国西北、华北，有时还影响到东北地区西部和南部；
3. 西北路径型：沙尘天气一般起源于蒙古国或我国内蒙古西部，受西北气流引导，沙尘主体自西北向东南方向移动，或先向东南方向移动，而后随气旋收缩北上转向东北方向移动，主要影响我国西北和华北，甚至还会影响到黄淮、江淮等地；
4. 南疆盆地型：沙尘天气起源于新疆南部，并主要影响该地区；
5. 局地型：局部地区有沙尘天气出现，但沙尘主体没有明显的移动。

目　录

前　言

说　明

1　2009年沙尘天气概况 1

　　1.1　沙尘天气过程 1

　　1.2　沙尘天气日数 1

　　1.3　2009年春季沙尘天气主要特点 4

　　1.4　2009年北京沙尘天气主要特点 7

2　2009年沙尘天气气候背景 8

　　2.1　我国沙尘天气目前仍处于偏少的气候背景下 8

　　2.2　2009年沙尘天气明显偏少的原因 8

3　2009年沙尘天气过程纪要表 11

4　2009年1—12月沙尘天气日数分布图 13

5　2009年沙尘天气过程图表 37

　　5.1　2月18－19日扬沙天气过程 37

　　5.2　 3月9－12日沙尘暴天气过程 39

　　5.3　3月14－15日沙尘暴天气过程 42

　　5.4　3月19－21日扬沙天气过程 44

　　5.5　4月16－19日沙尘暴天气过程 47

　　5.6　4月23－25日沙尘暴天气过程 49

　　5.7　4月28－30日沙尘暴天气过程 52

　　5.8　5月26日扬沙天气过程 54

　　5.9　10月17－18日扬沙天气过程 56

　　5.10　 12月24－25日沙尘暴天气过程 59

1　2009年沙尘天气概况

1.1　沙尘天气过程

2009年我国共出现了10次沙尘天气过程，其中扬沙天气过程4次、沙尘暴天气过程6次，没有出现强沙尘暴天气过程。这10次沙尘天气过程中西北路径型出现5次，偏西路径型出现4次，其余1次为局地型。首次发生的沙尘天气过程为2月18－19日的扬沙天气过程，末次出现的是12月24－25日的沙尘暴天气过程。2009年影响范围最大、强度最强的沙尘天气过程是4月23－25日的沙尘暴天气过程，沙尘天气袭击了西北地区大部、内蒙古中西部、华北西部、黄淮北部及四川盆地东部等地，沙尘暴和强沙尘暴主要出现在甘肃西部、内蒙古西部、宁夏东部和陕西西北部等地，有23个测站出现了沙尘暴，其中5个测站出现了强沙尘暴。

1.2　沙尘天气日数

2009年我国秦岭、淮河以北和四川盆地北部的大部分地区以及江南和西藏等地的局部地区出现了沙尘天气（图1.1）。有两个沙尘天气出现日数超过10天的多发区，一个位于南疆盆地到青海柴达木盆地一带，其中南疆盆地沙尘天气日数一般为50～120天，沙尘天气日数超过120天的有新疆塔中和民丰，分别达169天和168天；另一个多发区位于甘肃西部、内蒙古西部到宁夏北部一带，沙尘天气日数一般为10～25天，局部地区达30天左右。

扬沙天气主要出现在我国西北地区、华北西部和北部、内蒙古中西部和东南部、东北地区西部等地（图1.2）。扬沙天气也存在两个多发区，位置与沙尘天气基本相同，日数一般有10～25天，其中南疆盆地大部以及内蒙古西部、宁夏东部的局部地区达25～78天。

沙尘暴出现的区域较扬沙区域明显缩小（图1.3），主要分布在南疆盆地、青海北部、甘肃西部、内蒙古中西部、宁夏东部、陕西西北部，其沙尘暴日数一般为1～3天，部分地区超过5天，局部地区达10～22天。

强沙尘暴出现在南疆盆地、青海西北部、甘肃西部、内蒙古中西部等地（图1.4），日数一般为1～2天，仅在南疆盆地南部的局部地区达4～8天。

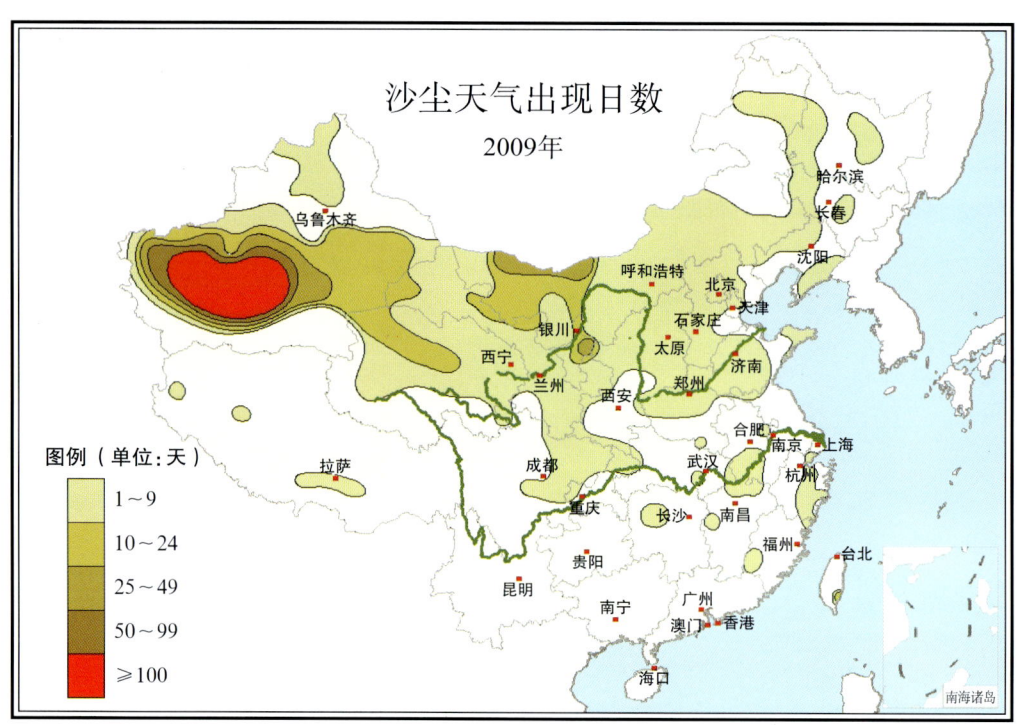

图1.1 2009年沙尘天气日数图

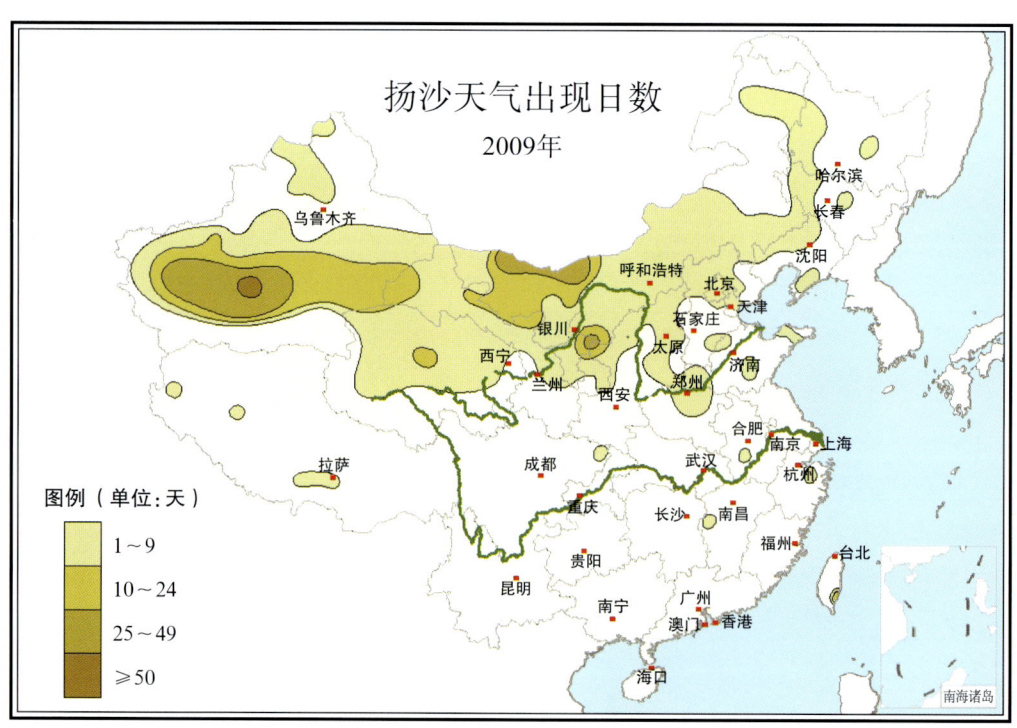

图1.2 2009年扬沙天气日数图

沙尘天气概况

图1.3 2009年沙尘暴天气日数图

图1.4 2009年强沙尘暴天气日数图

1.3 2009年春季沙尘天气主要特点

2009年春季（3—5月）沙尘天气的主要特点是沙尘天气过程次数显著偏少，沙尘天气范围偏小、频次偏少、强度明显偏弱，多发期结束早，局地灾害影响较重。

（1）沙尘天气过程次数显著偏少、强度偏弱

2009年春季，我国共出现7次沙尘天气过程（图1.5），其中扬沙天气过程出现2次，沙尘暴天气过程出现5次，未出现强沙尘暴天气过程；沙尘天气过程总数和各类沙尘天气过程数均低于近10年（2000—2009年）同期平均值，且沙尘天气过程数和强沙尘暴天气过程数均与2003年并列为近10年同期最少值（表1.1），说明沙尘天气过程次数显著偏少、强度偏弱。

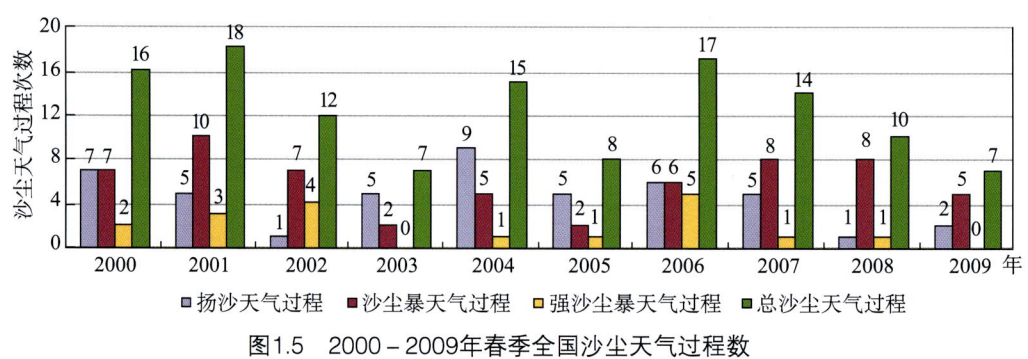

图1.5　2000—2009年春季全国沙尘天气过程数

表1.1　2000—2009年春季全国沙尘天气过程统计

时　间	扬　沙 天气过程	沙尘暴 天气过程	强沙尘暴 天气过程	总沙尘 天气过程
2000年	7	7	2	16
2001年	5	10	3	18
2002年	1	7	4	12
2003年	5	2	0	7
2004年	9	5	1	15
2005年	5	2	1	8
2006年	6	6	5	17
2007年	5	8	1	14
2008年	1	8	1	10
2009年	2	5	0	7
2000—2009年平均	4.6	6.0	1.8	12.4

(2) 沙尘天气范围偏小、频次偏少、强度明显偏弱

2009年春季，全国出现沙尘、扬沙、沙尘暴的总站数均依次为207、140和55个，较近10年平均值偏少22%～25%，其中，沙尘、扬沙出现的站数为近10年来同期最低值；出现强沙尘暴的总站数为17个，比近10年来同期平均值偏少42%（图1.6），说明2009年春季全国出现沙尘天气的范围偏小，强度明显偏弱。

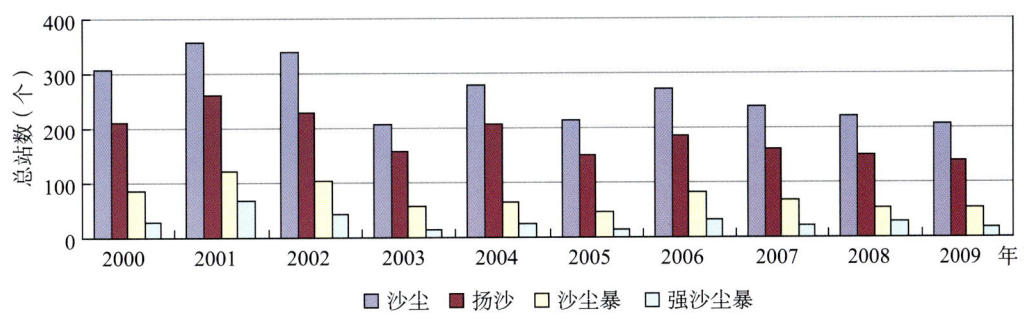

图1.6 2000－2009年春季全国沙尘天气总站数逐年变化

2009年春季，全国累计出现的沙尘、扬沙、沙尘暴总站日数均较近10年同期平均值偏少40%左右，仅比2005年相应种类沙尘天气总站日数略多或持平；强沙尘暴总站日数较近10年同期偏少达49%（图1.7）。可见，2009年春季沙尘天气频次偏少且强度明显偏弱。

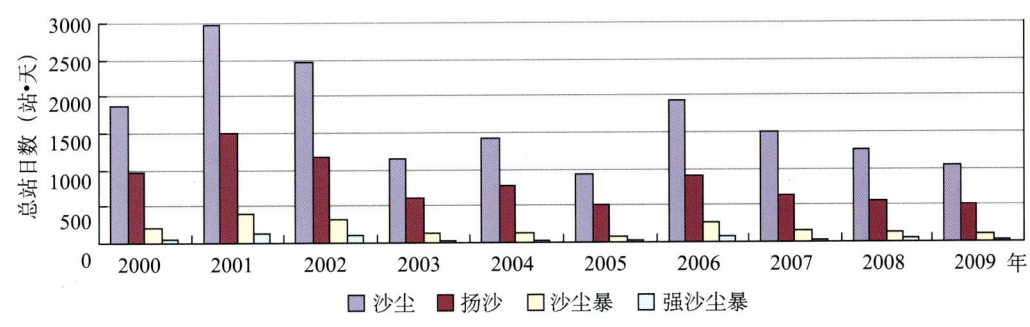

图1.7 2000－2009年春季全国沙尘天气总站日数逐年变化

(3) 多发期结束早

2009年3月和4月均出现3次沙尘天气过程，5月仅出现1次沙尘天气过程，5月沙尘天气过程次数较近10年同期显著偏少（图1.8）且月内全国扬沙天气站日数为近10年来同期次低值（图1.9），说明2009年沙尘天气多发期结束早。

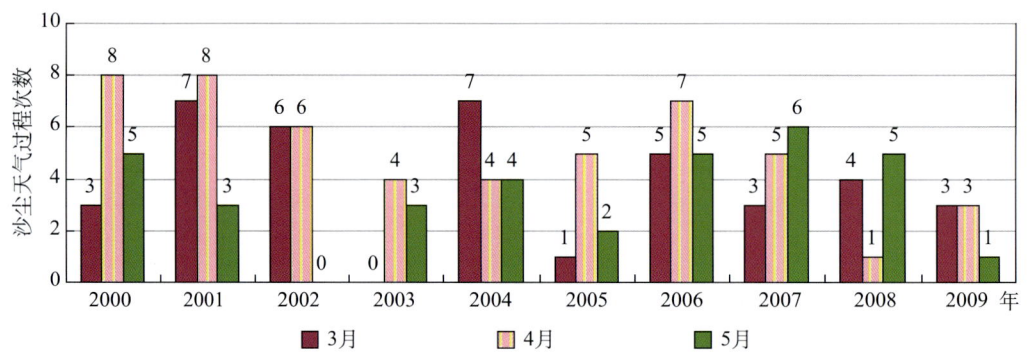

图1.8 2000－2009年春季我国各月沙尘天气过程次数

图1.9 2000－2009年全国5月扬沙天气站日数时间序列

(4) 局地灾害影响较重

2009年春季我国北方沙尘总体影响偏轻，但局地的灾害影响依然较重。

4月23－25日的沙尘暴天气过程是2009年影响范围最大、强度最强的一次，沙尘天气袭击了西北地区大部、内蒙古中西部、华北西部、黄淮北部及四川盆地东部等地，沙尘暴主要出现在甘肃西部、内蒙古西部、宁夏东部和陕西西北部等地，其中，甘肃西部、内蒙古西部的局部地区出现了强沙尘暴。

该次沙尘天气过程覆盖范围约有73万平方千米，其中沙尘暴影响的区域约29万平方千米，受影响人口近2000万人，使西北地区农业受损，空气污染，其中新疆、甘肃受灾较重。据统计，新疆农作物受灾面积1.6万公顷，成灾面积2381公顷，直接经济损失5275万元；甘肃农作物受灾面积2.65万公顷，成灾面积1.08万公顷，死亡大牲畜230头（只），直接经济损失8938万元；外出的市民纷纷戴上了纱巾、口罩等防护用品，车辆减速慢行。

受此次沙尘天气过程影响，4月24－25日四川成都市遭遇了一次近几年罕见的浮尘天气，空气质量急剧下降，25日成都市空气污染指数高达500，空气质量为重度污染。

1.4 2009年北京沙尘天气主要特点

2009年北京观象台共出现了3个沙尘天气日,比常年明显偏少。沙尘天气分别出现在3月15日、6月19日和12月25日,其中12月25日为扬沙天气,其余为浮尘天气。

2009年北京沙尘天气明显偏少,其主要原因是:

(1) 前期降水偏多,土壤墒情较好

2008年秋季华北地区大部降水偏多,北京地区平均降水量达122.1毫米,比常年(77.7毫米)偏多57%;2008年冬季北京地区平均降水量为15毫米,比常年同期偏多近6成。特别是2009年2月中旬北京地区连续出现的两次明显雨雪过程,有效地增加了土壤墒情,对植被返青非常有利,从而抑制了沙尘天气的发生。

(2) 北京林区植被覆盖度明显提高

2009年,北京主要林区分布区县最大植被覆盖度除海淀外均超过80%(图1.10),其中,延庆的平均最大植被覆盖度最高,达85%,其次是怀柔和密云。与2008年相比,各主要林区最大植被覆盖度均明显增高,其中房山和密云林区植被覆盖增幅最大,均增加5%。

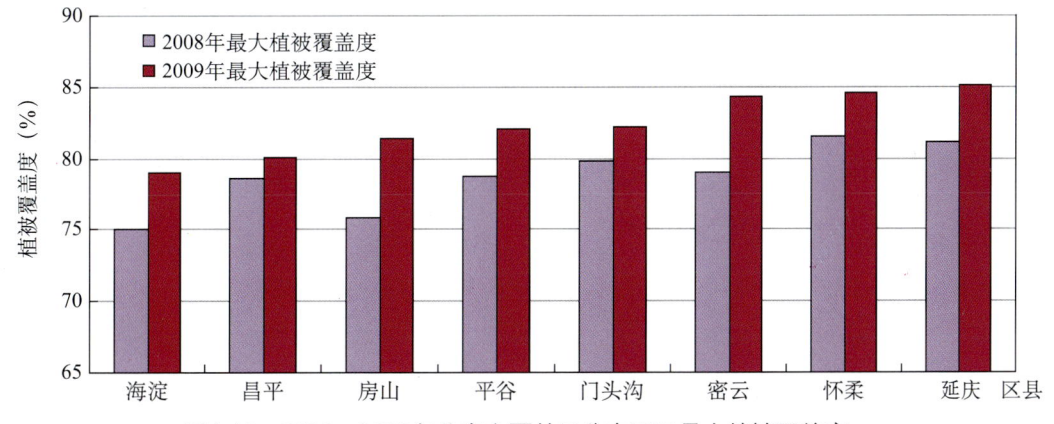

图1.10 2008-2009年北京主要林区分布区县最大植被覆盖度

2　2009年沙尘天气气候背景

2.1　我国沙尘天气目前仍处于偏少的气候背景下

从春季沙尘气候背景来看，我国春季沙尘天气过程数具有年代际减少的特征。自1996年以来，我国春季沙尘天气进入偏少的气候时段，目前仍处于偏少的气候背景下（图2.1）。

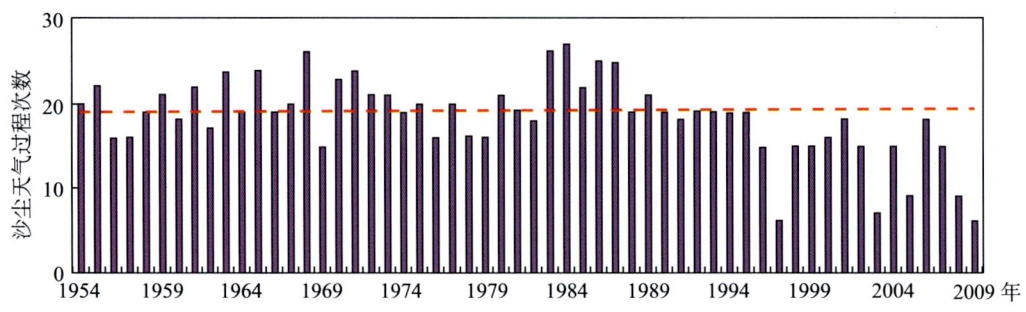

图2.1　1954－2009年春季我国沙尘天气过程数序列（柱状）及其气候平均值（虚线）

2.2　2009年沙尘天气明显偏少的原因

2009年特别是春季期间，我国沙尘天气过程和沙尘日数均较常年同期明显偏少，主要原因如下：

（1）春季影响我国的主要沙尘源区降水偏多，不利于起沙

2009年春季，中亚地区，蒙古国东部，我国新疆北部、内蒙古中东部、华北

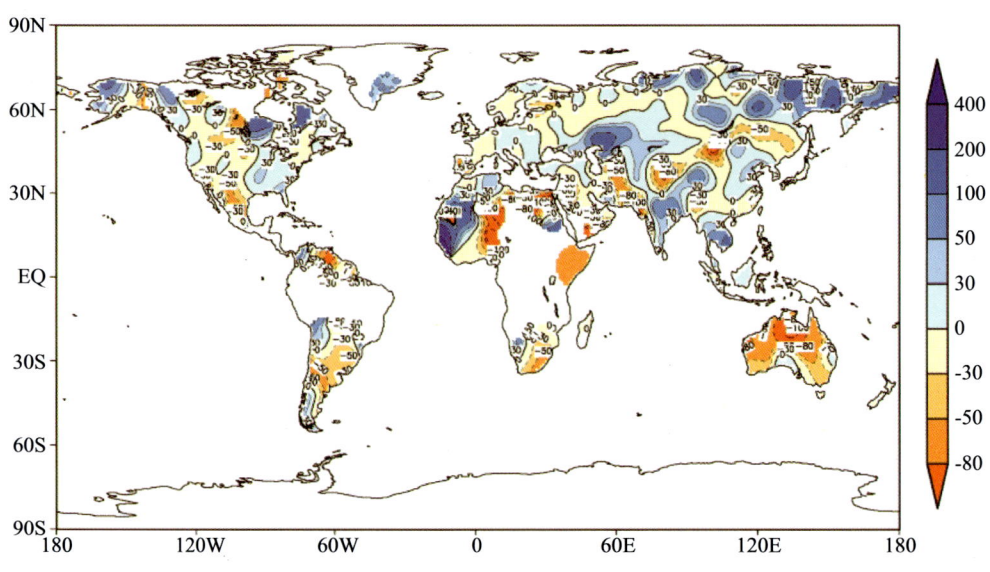

图2.2　2009年春季全球降水距平百分率分布（%）

等区域降水较常年偏多（图2.2），不利于沙尘主要源地起沙及我国北方主要沙尘多发区发生沙尘天气。

（2）春季北方冷空气活动偏弱，不利于沙尘输送

2009年春季，亚洲区极涡面积较常年同期偏小（图2.3），在500hPa高度场及距平场上亚洲中高纬以平直环流和正距平为主（图2.4），亚洲地区以纬向环流为主要特征（图2.5）。在上述环流背景下，冷空气活动偏弱，在全球2009年春季平均气温距平场（图2.6）上表现为亚洲大陆大部较常年同期明显偏暖。冷空气活动偏弱，不利于沙尘输送。

图2.3　1951－2009年春季平均亚洲区极涡面积指数序列
（蓝色面积区）及其气候平均值（红虚线）

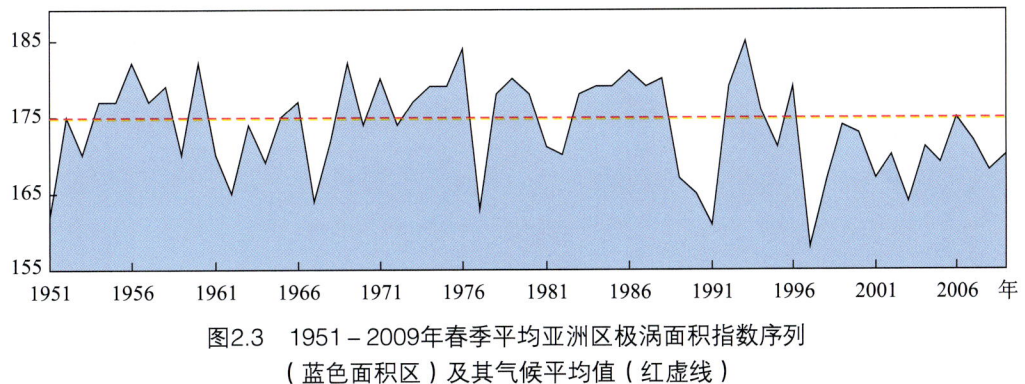

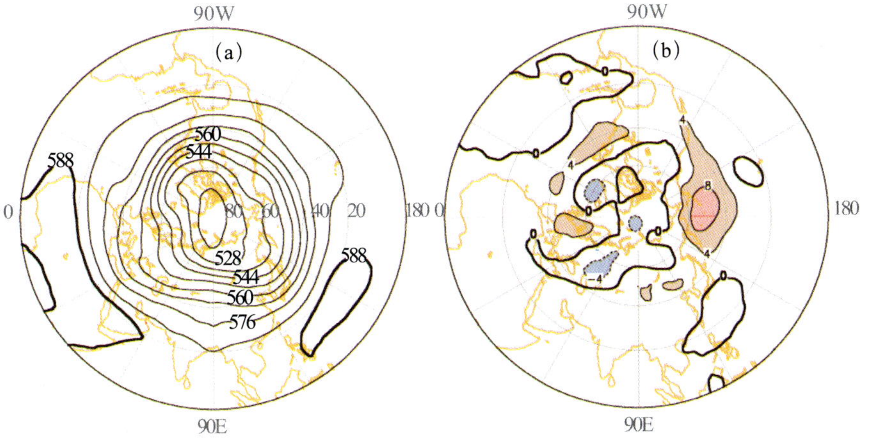

图2.4　2009年春季北半球500hPa平均位势高度（a）和距平（b）分布（10gpm）

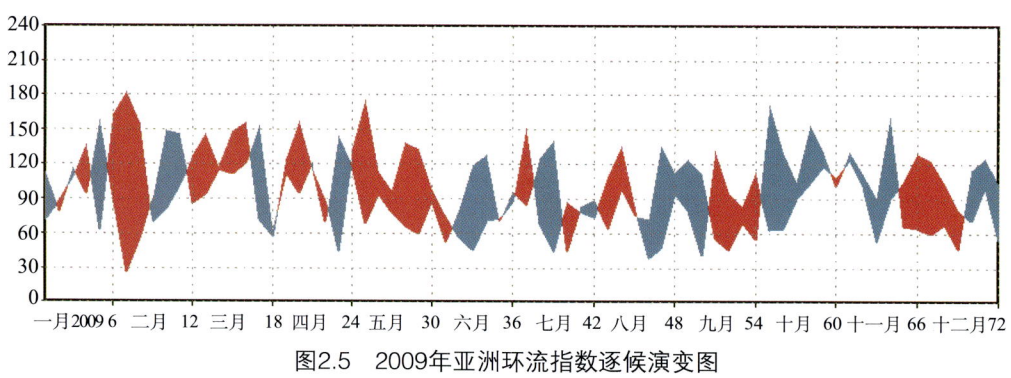

图2.5 2009年亚洲环流指数逐候演变图
（红色代表纬向环流为主，蓝色代表经向环流为主）

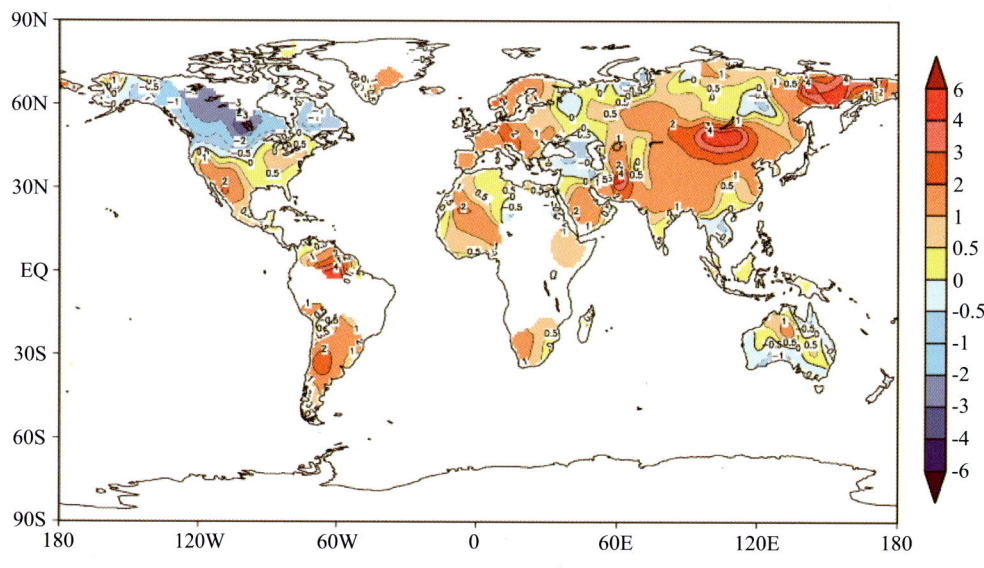

图2.6 2009年全球春季平均气温距平图（℃）

3 2009年沙尘天气过程纪要表

编　号	起止时间	过程类型	主要影响系统	扬沙和沙尘暴主要影响范围	风　力
200901	2月18－19日	扬沙	蒙古气旋 冷锋	内蒙古中西部、河北北部的部分地区以及青海北部、甘肃西部、宁夏东部、陕西西北部等地的局部地区出现了扬沙，其中，内蒙古中部的部分地区以及青海北部、甘肃西部的局部地区出现了沙尘暴或强沙尘暴。	4～6级，部分地区7级
200902	3月9－12日	沙尘暴	蒙古气旋 冷锋 热低压	南疆盆地、青海西北部、甘肃河西中部、内蒙古西部的部分地区以及西藏中西部、河南北部的局部地区出现了扬沙，其中，南疆盆地、青海西北部的部分地区以及甘肃河西中部、西藏西部的局部地区出现了沙尘暴或强沙尘暴。	4～6级，局部地区7～8级
200903	3月14－15日	沙尘暴	蒙古气旋	内蒙古西部、甘肃西部偏北的部分地区以及南疆盆地、宁夏北部、陕西西北部、山西西北部、河北西北部的局部地区出现扬沙，其中内蒙古西部、甘肃西部偏北的部分地区以及宁夏东北部的局部地区出现了沙尘暴。	4～6级，部分地区7级
200904	3月19－21日	扬沙	蒙古气旋 冷锋 热低压	南疆盆地、内蒙古西部、甘肃中西部、宁夏中北部、陕西北部、山西中部的部分地区以及青海中部、河北西北部、河南东北部、辽宁西北部的局部地区出现了扬沙，其中南疆盆地和内蒙古西部的局部地区出现了沙尘暴或强沙尘暴。	4～6级，局部地区7级
200905	4月16－19日	沙尘暴	冷锋 气旋	南疆盆地、青海西北部、甘肃中西部、内蒙古西部、宁夏东部、陕西西北部、辽宁北部的部分地区出现了扬沙，其中，南疆盆地的部分地区以及内蒙古西部的局部地区出现了沙尘暴或强沙尘暴。	4～6级，局部地区7级

续表

编 号	起止时间	过程类型	主要影响系统	扬沙和沙尘暴主要影响范围	风 力
200906	4月23—25日	沙尘暴	蒙古气旋冷锋	南疆盆地、青海西北部、甘肃中西部、内蒙古中西部、宁夏、陕西北部、山西中北部的部分地区以及山西南部、河南北部、山东中部、四川盆地东部、江西西部的局部地区出现了扬沙，其中，甘肃中西部、内蒙古中西部、宁夏东部、陕西西北部的部分地区以及南疆盆地的局部地区出现了沙尘暴或强沙尘暴。	4~6级，局部地区7级
200907	4月28—30日	沙尘暴	冷锋气旋	南疆盆地、青海北部、甘肃西部、内蒙古西部、宁夏中北部、陕西西北部出现了扬沙或沙尘暴，其中，南疆盆地、甘肃西部、内蒙古西部的部分地区以及青海北部、宁夏中部、陕西西北部的局部地区出现了沙尘暴或强沙尘暴。	4~6级，局部地区7级
200908	5月26日	扬沙	冷锋气旋	南疆盆地、内蒙古西部的部分地区、宁夏北部出现了扬沙，其中，南疆盆地、内蒙古西部的局部地区出现了沙尘暴或强沙尘暴。	4~6级，局部地区7级
200909	10月17—18日	扬沙	冷锋蒙古气旋	甘肃西部、内蒙古中西部、宁夏东部、陕西西北部、山西北部的部分地区以及河北西北部和中南部、山东西北部的局部地区出现了扬沙，其中，内蒙古中西部的局部地区出现了沙尘暴。	4~6级，局部地区7级
200910	12月24—25日	沙尘暴	冷锋蒙古气旋	南疆盆地、内蒙古中部和西部偏东地区、宁夏东部、山西北部、河北西北部、北京、天津、辽宁南部的部分地区以及山东半岛、安徽中部、新疆东部的局部地区出现了扬沙，其中，内蒙古中部的部分地区以及内蒙古西部、南疆盆地和新疆东部的局部地区出现了沙尘暴或强沙尘暴。	4~6级，局部地区7级

4　2009年1—12月沙尘天气日数分布图

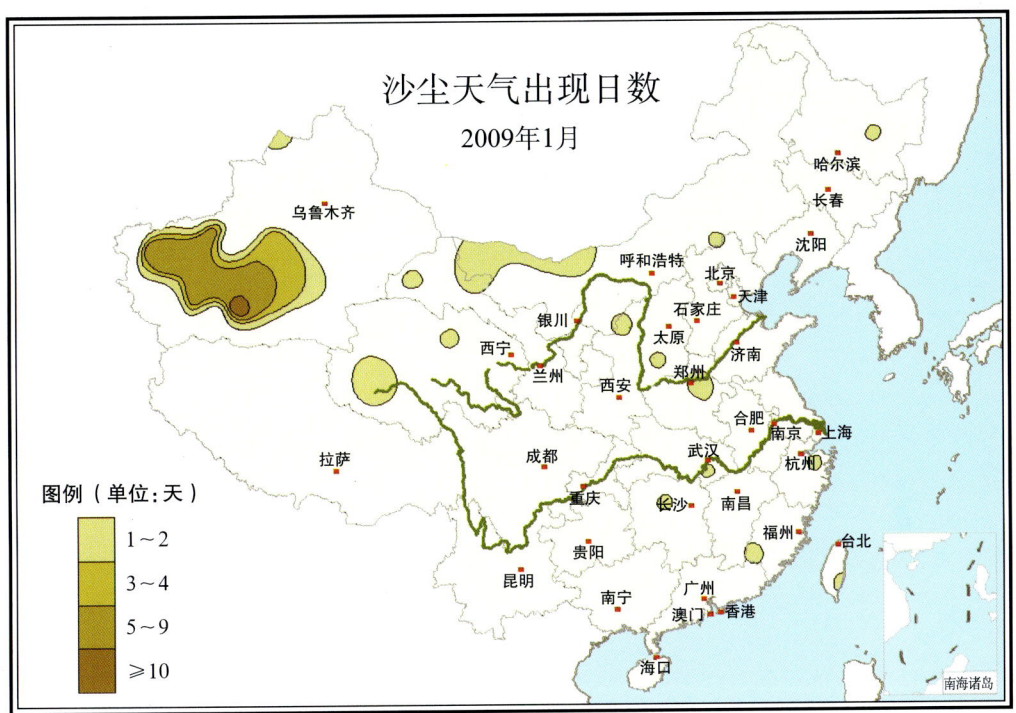

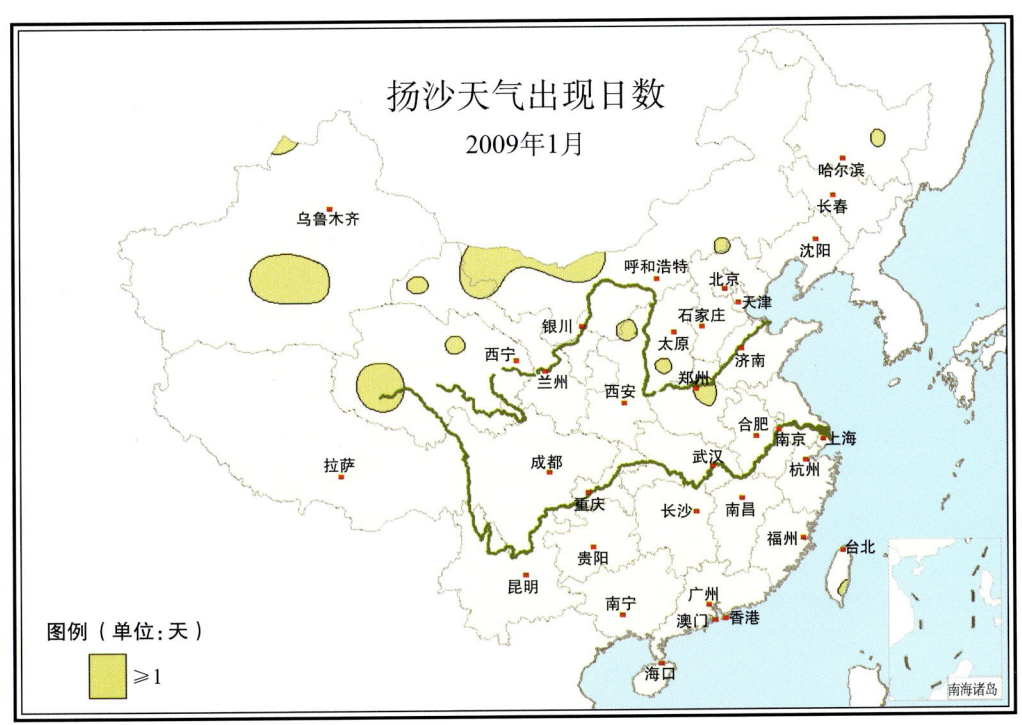

沙尘天气日数分布图

沙尘天气日数分布图

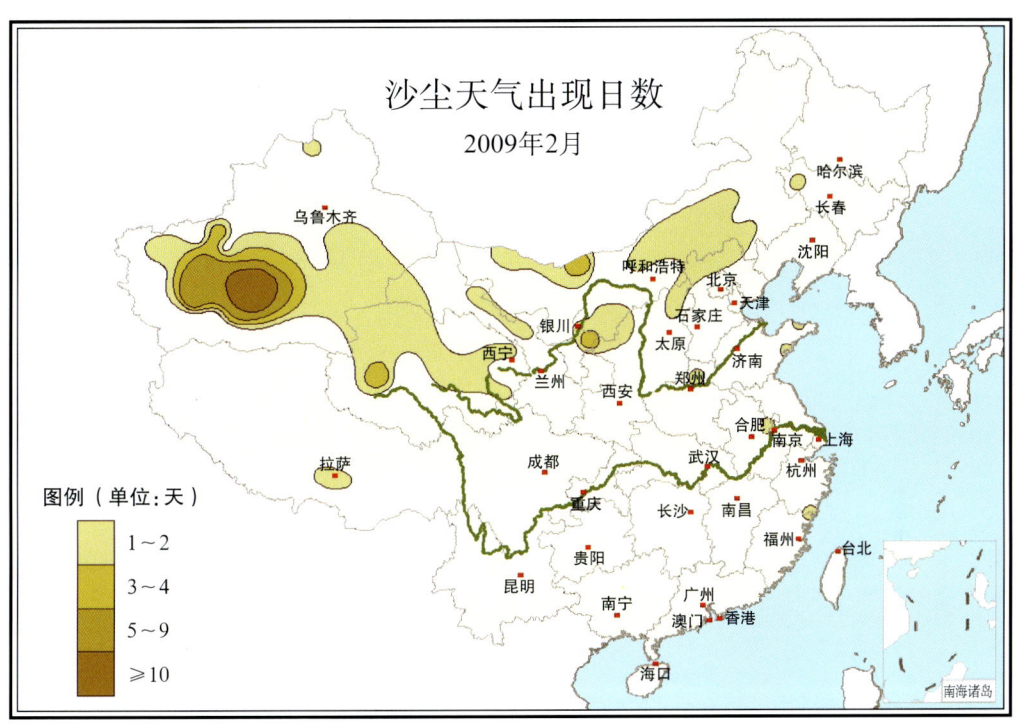

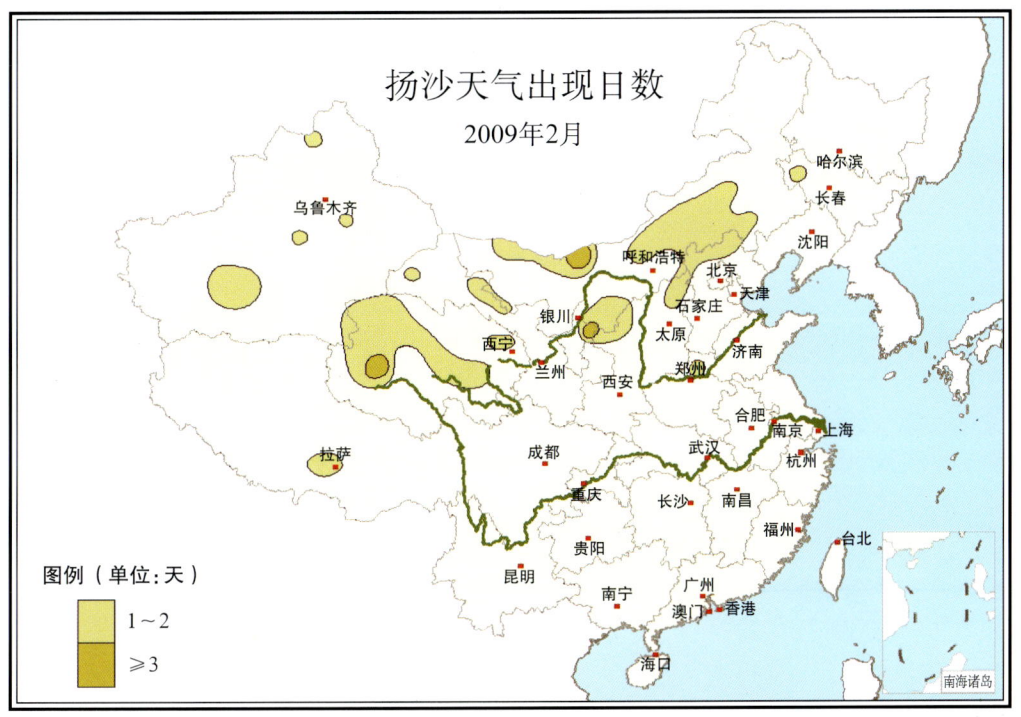

沙尘天气日数分布图

沙尘天气日数分布图

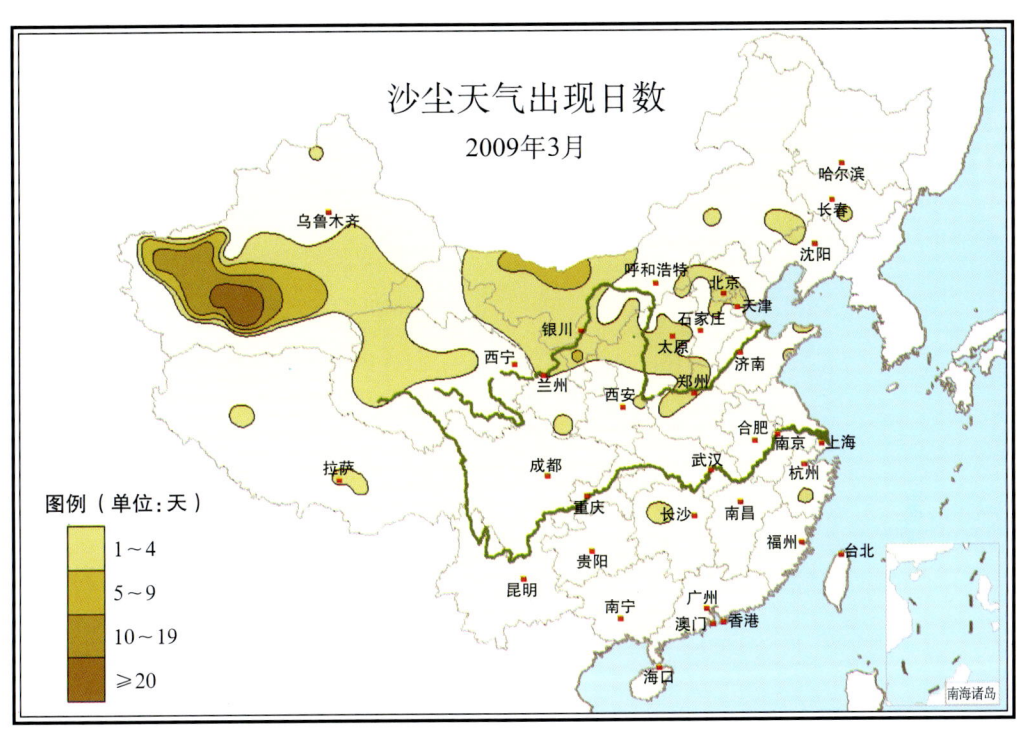

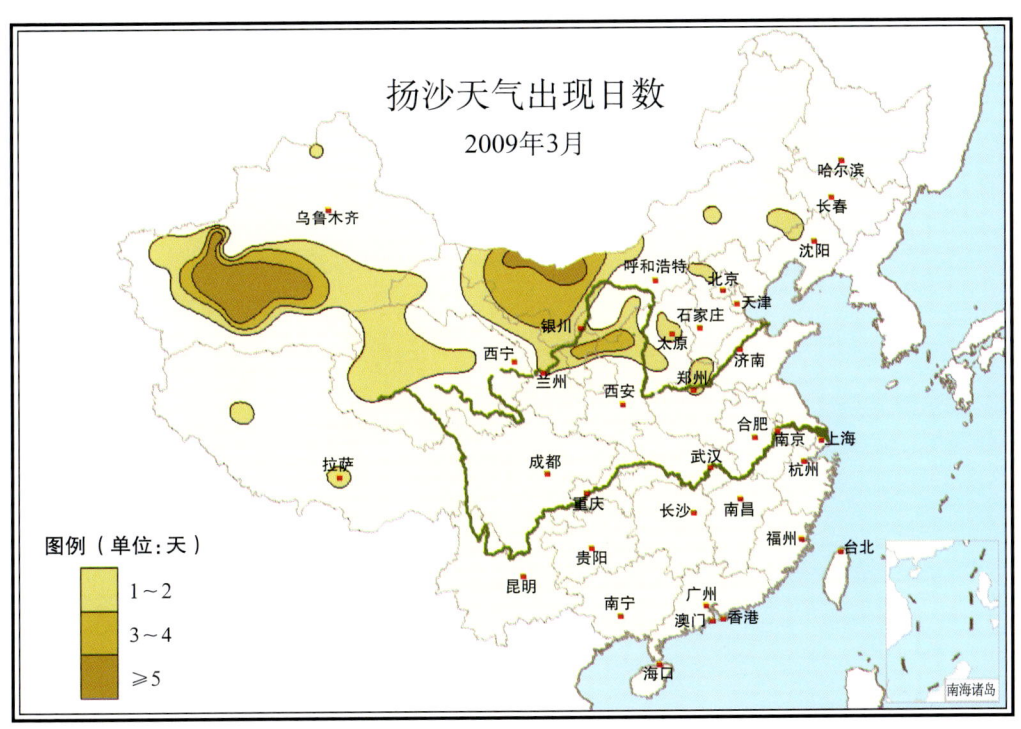

沙尘天气日数分布图

沙尘天气日数分布图

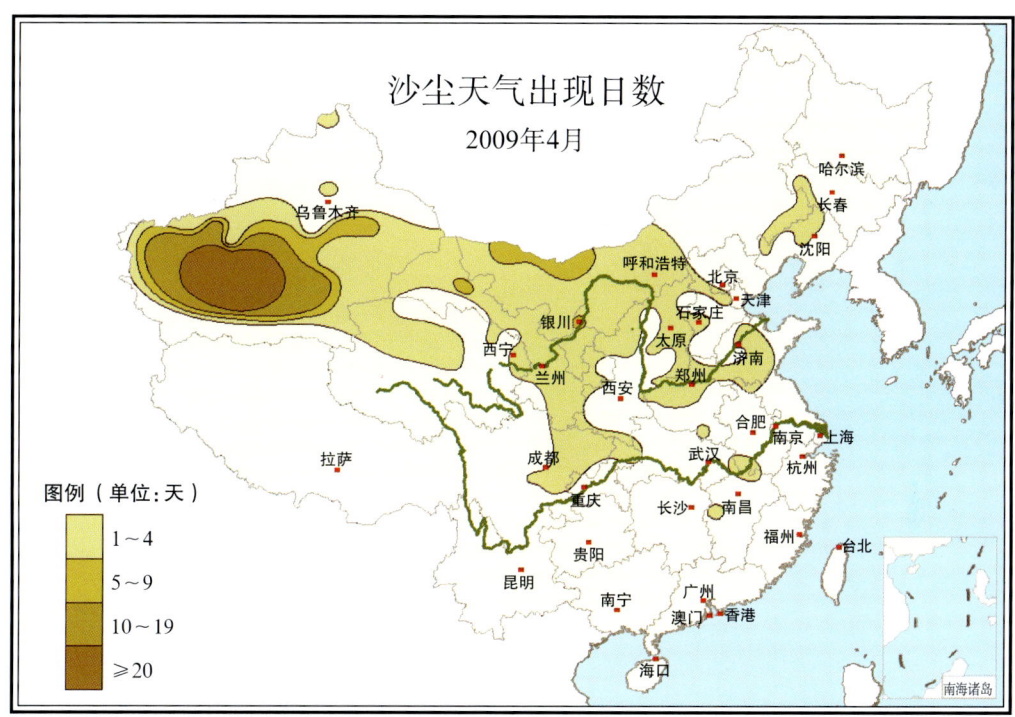

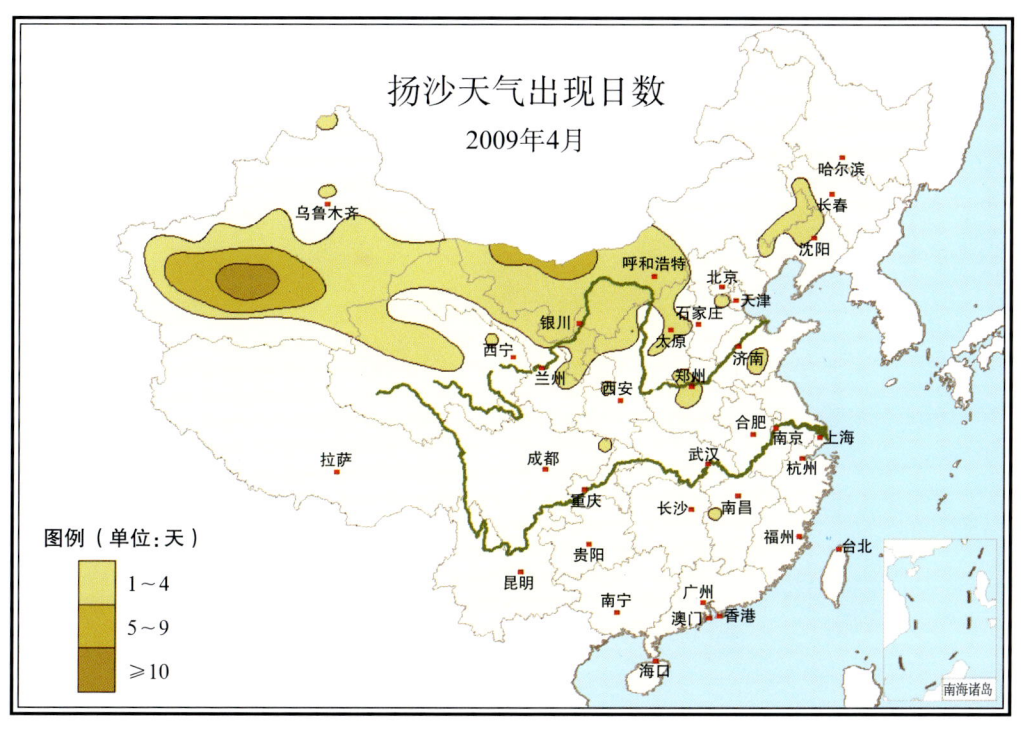

沙尘天气日数分布图

沙尘天气日数分布图

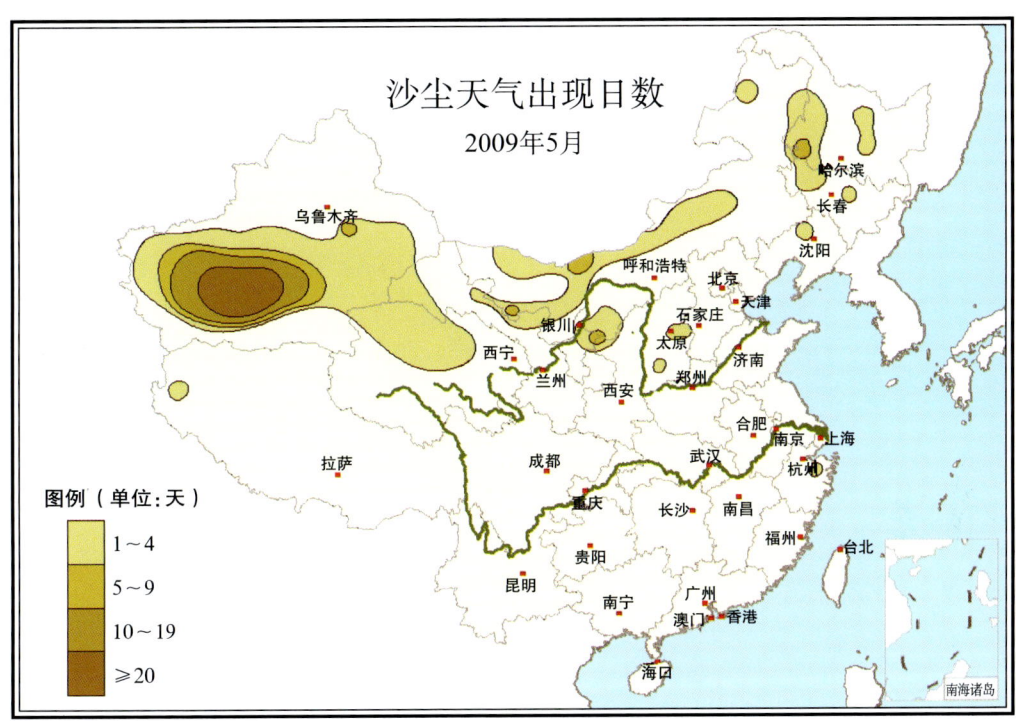

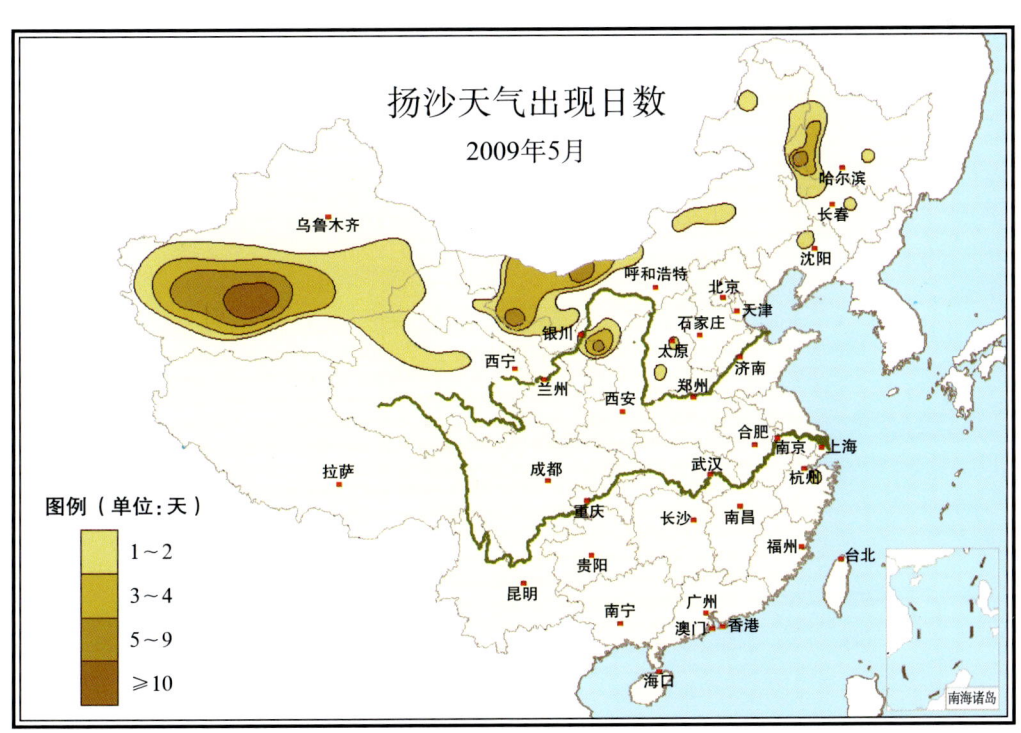

沙尘天气日数分布图

沙尘天气日数分布图

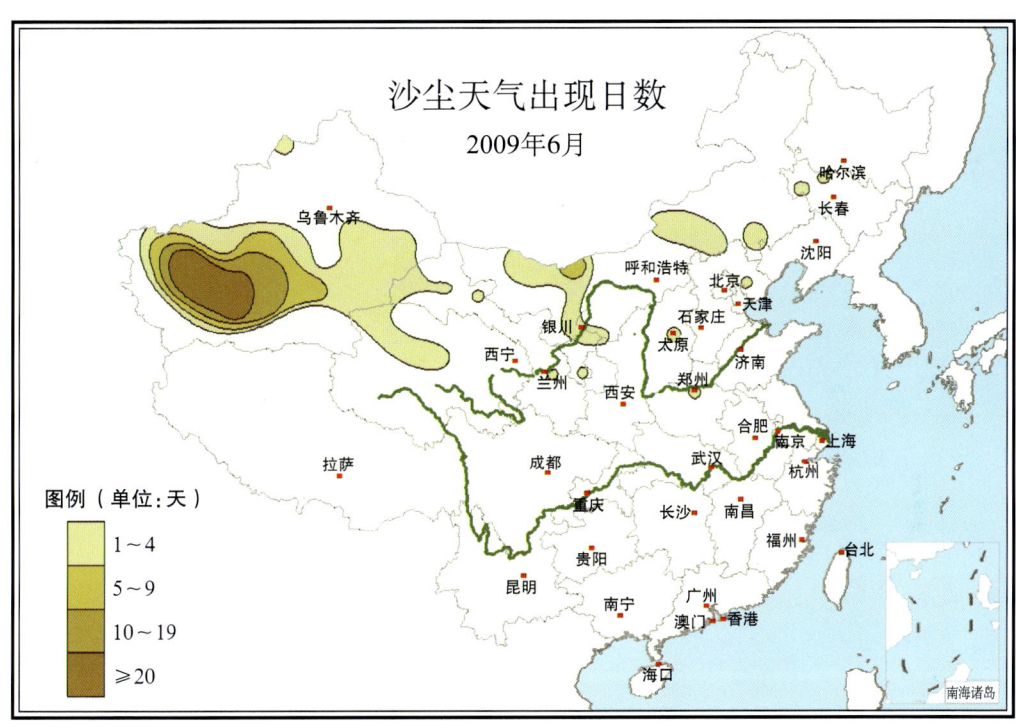

沙尘天气日数分布图

沙尘天气日数分布图

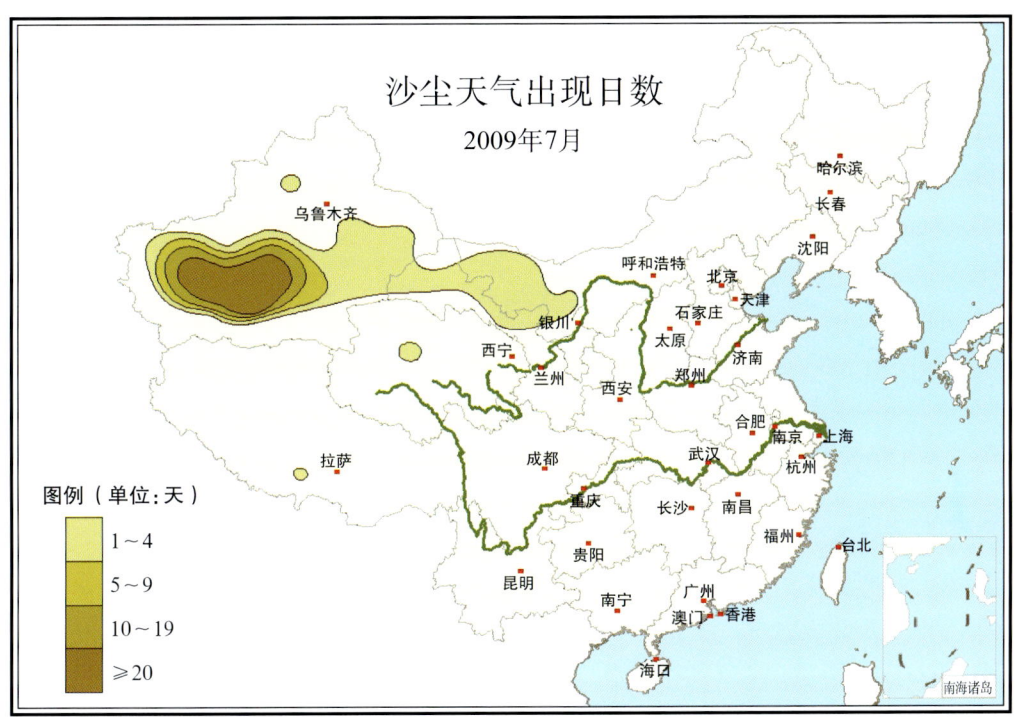

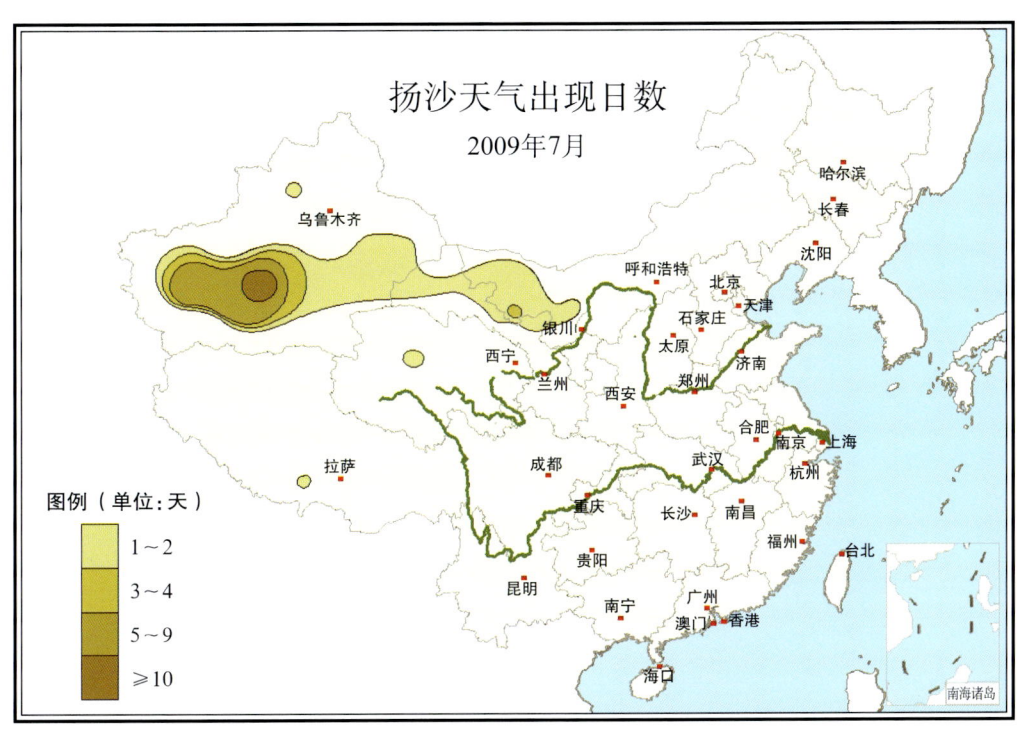

沙尘天气日数分布图

沙尘天气日数分布图

SAND-DUST WEATHER ALMANAC 沙尘天气日数分布图

沙尘天气日数分布图

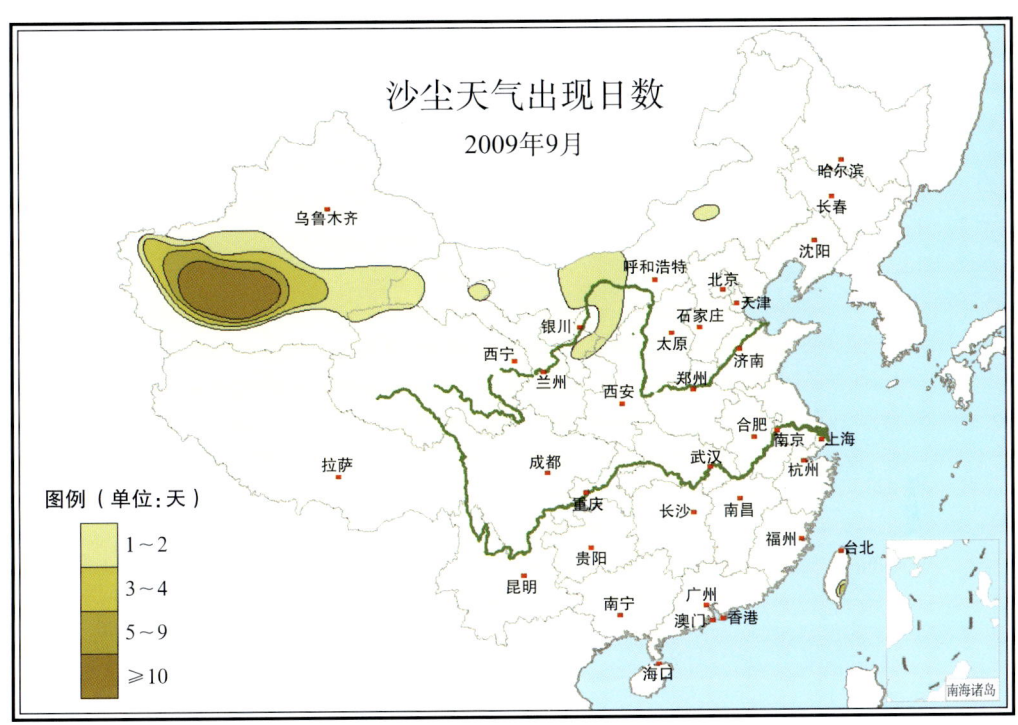

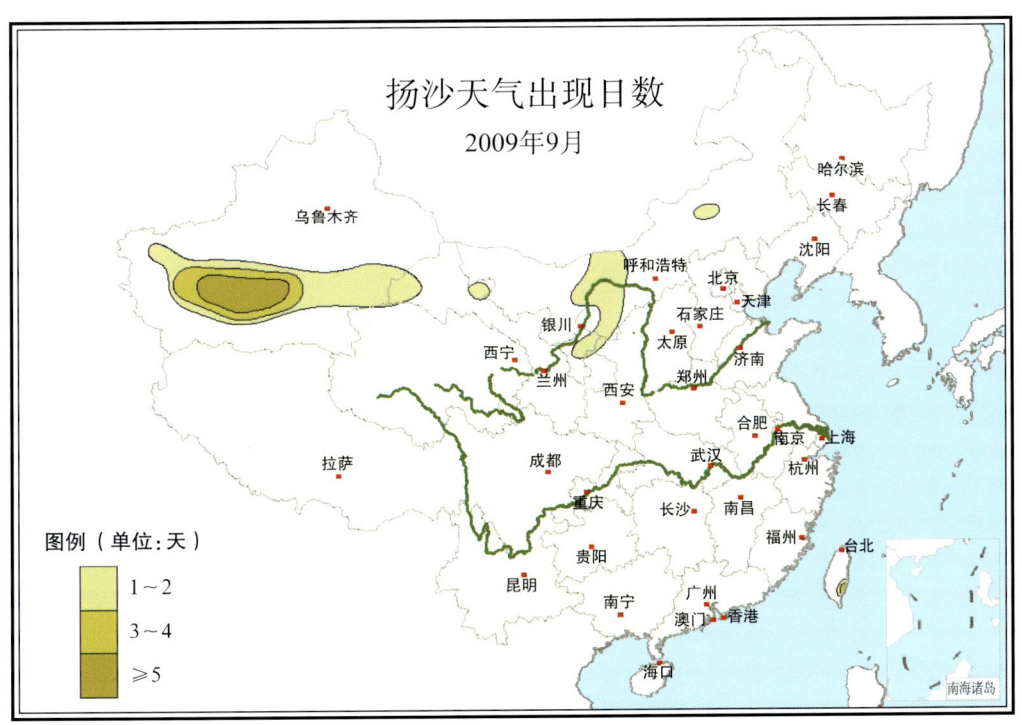

沙尘天气日数分布图

沙尘天气日数分布图

沙尘天气日数分布图

沙尘天气日数分布图

沙尘天气日数分布图

沙尘天气日数分布图

沙尘天气日数分布图

5 2009年沙尘天气过程图表

5.1 2月18－19日扬沙天气过程

5.1.1 沙尘天气过程描述

起止时间	2月18－19日
类　　型	扬沙天气过程
最大风速（单位：m·s^{-1}）及出现地点	17 内蒙古：苏尼特左旗
最小能见度（单位：km）及出现地点	0.4 内蒙古：苏尼特左旗
沙尘路径	西北路径型
沙尘暴范围	内蒙古中部的部分地区 以及青海北部、甘肃西部的局部地区
强沙尘暴地点	内蒙古：苏尼特左旗
影响系统	蒙古气旋 冷锋

5.1.2 沙尘天气范围图

5.1.3　2009年2月19日08时500 hPa环流形势图

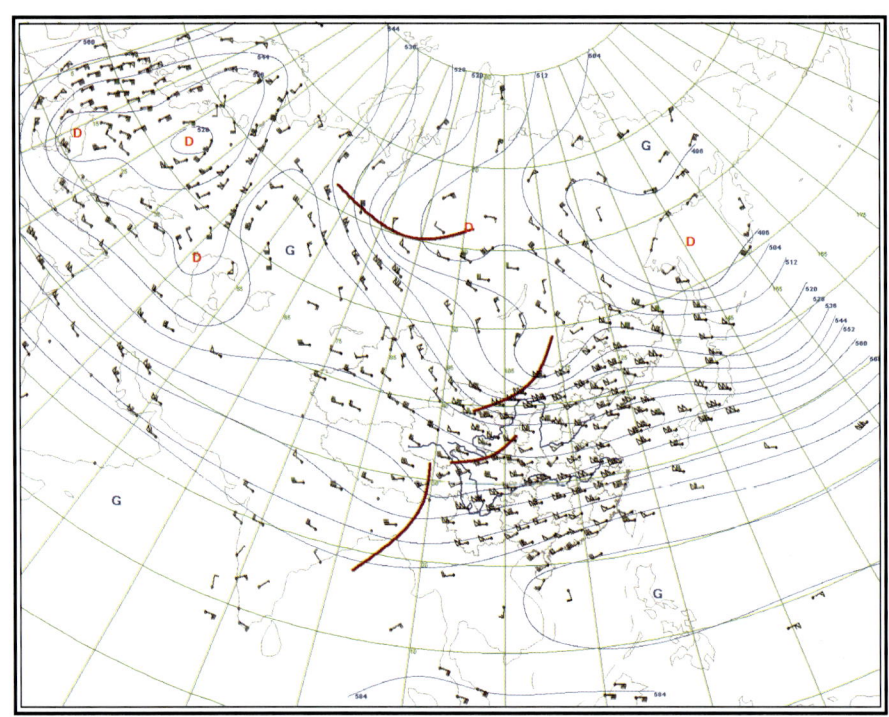

5.1.4　2009年2月19日14时地面天气图

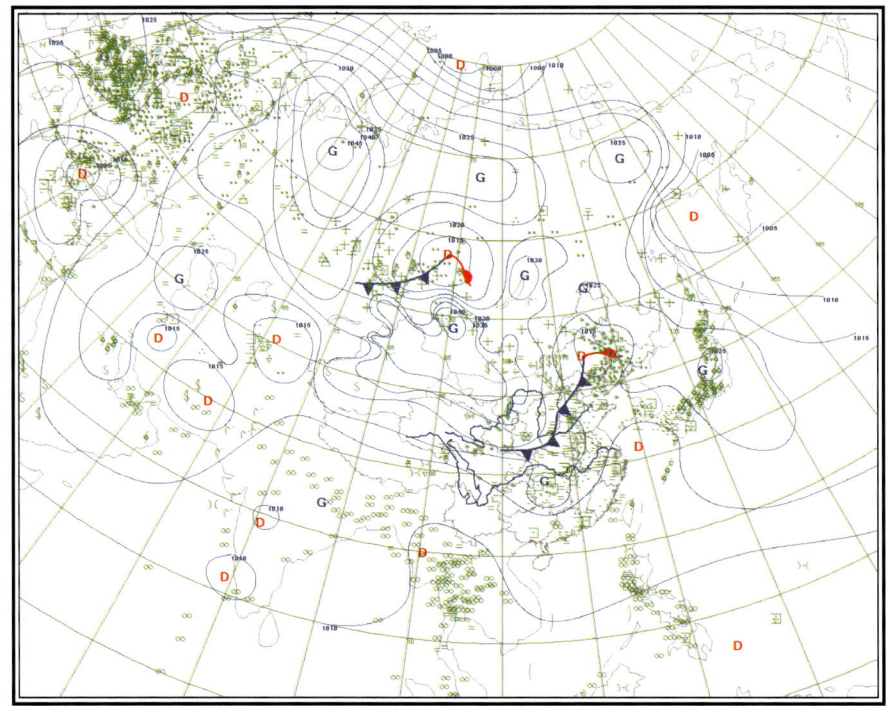

5.1.5 气象卫星监测图

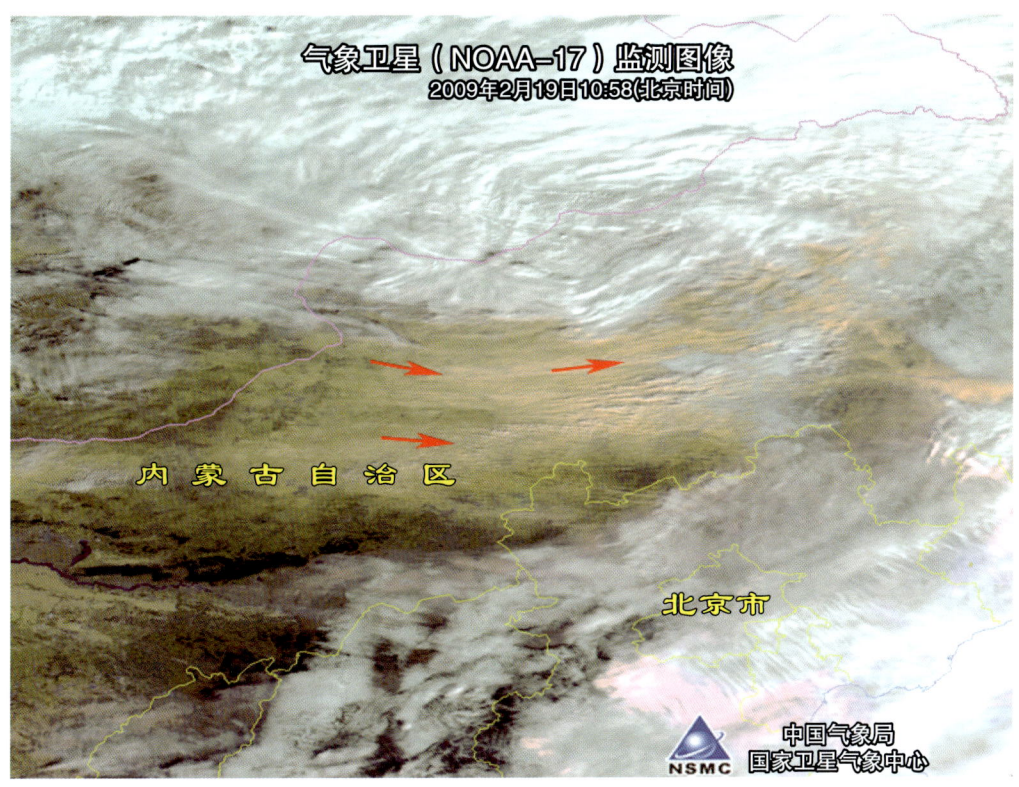

5.2 3月9–12日沙尘暴天气过程
5.2.1 沙尘天气过程描述

起止时间	3月9–12日
类　　型	沙尘暴天气过程
最大风速（单位：m·s^{-1}）及出现地点	20 青海：伍道梁
最小能见度（单位：km）及出现地点	0.2 青海：伍道梁
沙尘路径	偏西路径型
沙尘暴范围	南疆盆地、青海西北部的部分地区 以及甘肃河西中部、西藏西部的局部地区
强沙尘暴地点	新疆：若羌 青海：冷湖 伍道梁
影响系统	蒙古气旋 冷锋

5.2.2 沙尘天气范围图

5.2.3 2009年3月11日08时500 hPa环流形势图

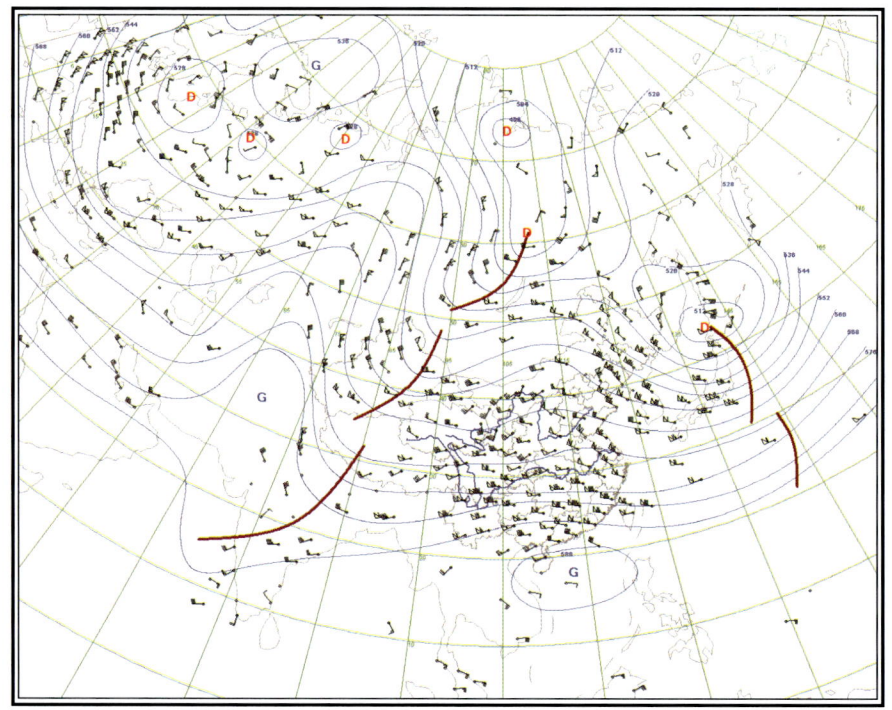

5.2.4　2009年3月11日14时地面天气图

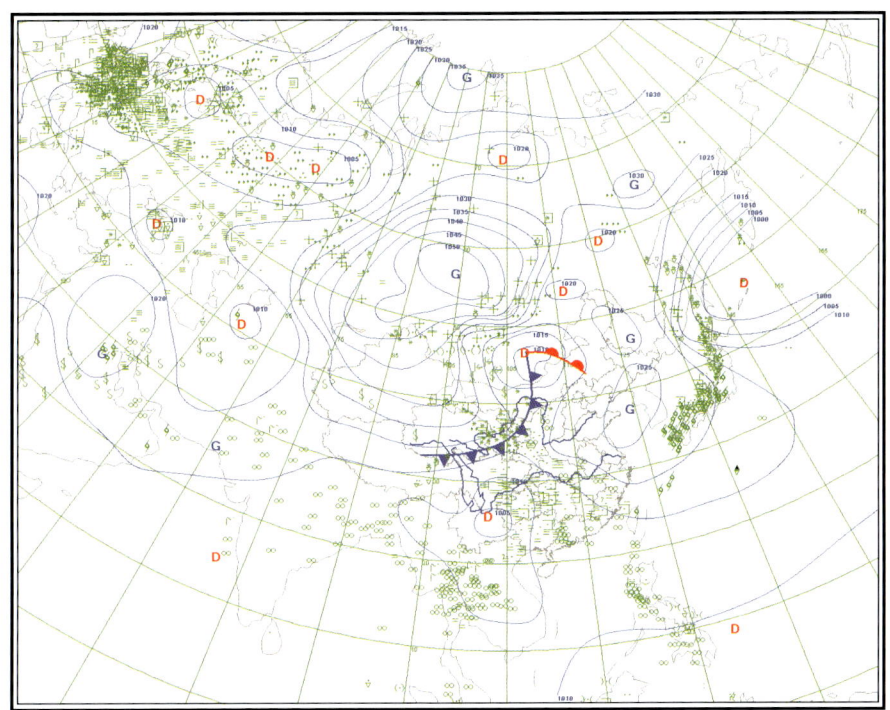

5.2.5　气象卫星监测图

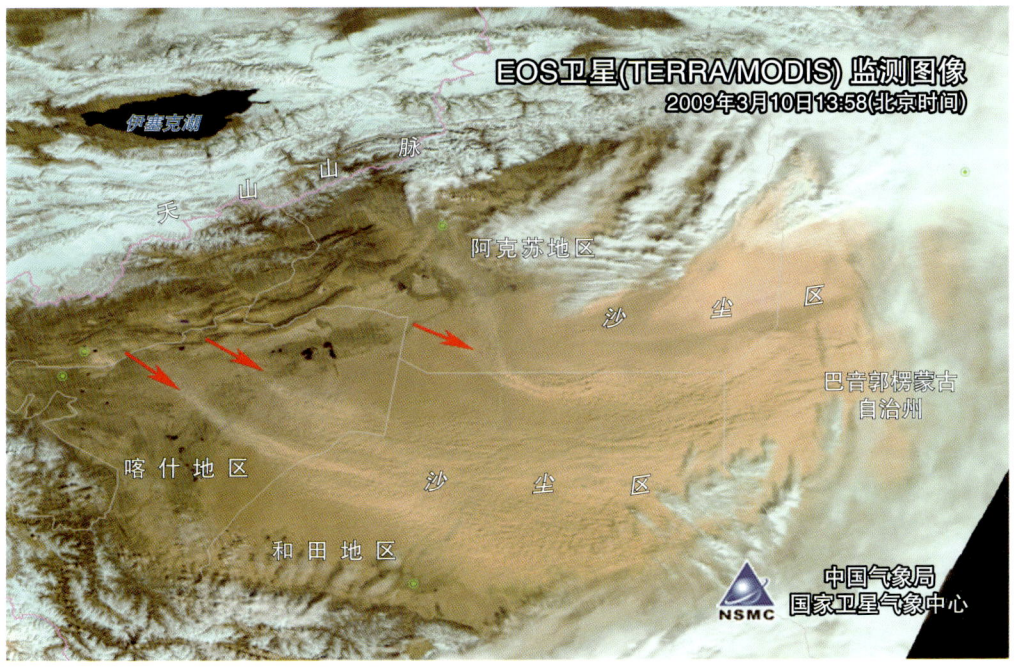

5.3　3月14－15日沙尘暴天气过程
5.3.1　沙尘天气过程描述

起止时间	3月14－15日
类　　型	沙尘暴天气过程
最大风速（单位：m·s^{-1}）及出现地点	17 内蒙古：巴音毛道　满都拉
最小能见度（单位：km）及出现地点	0.3 甘肃：民勤
沙尘路径	西北路径型
沙尘暴范围	内蒙古西部、甘肃西部偏北的部分地区以及宁夏东北部的局部地区
强沙尘暴地点	甘肃：民勤
影响系统	蒙古气旋

5.3.2　沙尘天气范围图

5.3.3 2009 年 3 月 14 日 20 时 500 hPa 环流形势图

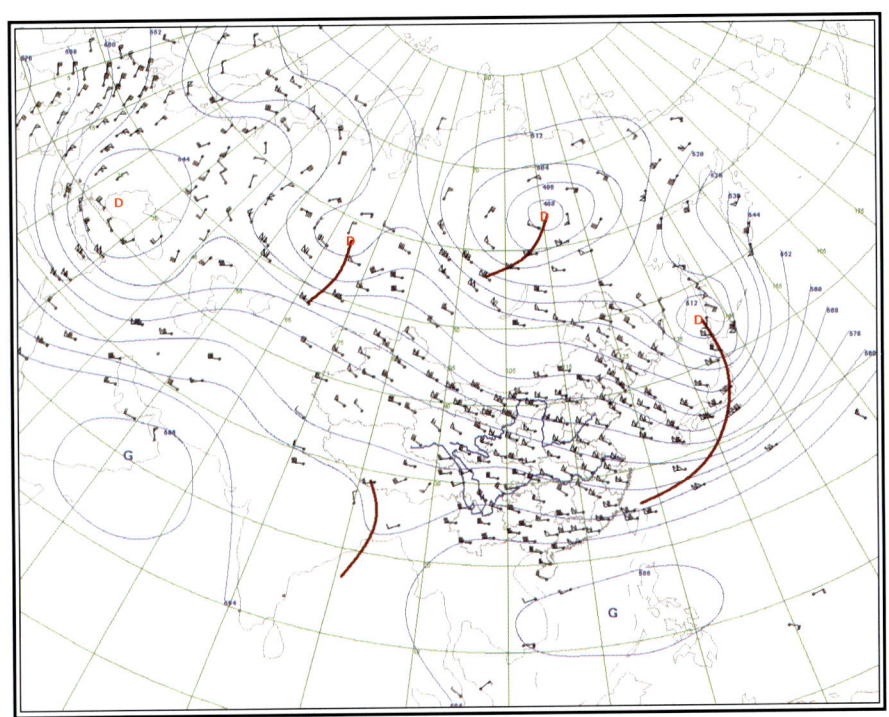

5.3.4 2009 年 3 月 14 日 14 时地面天气图

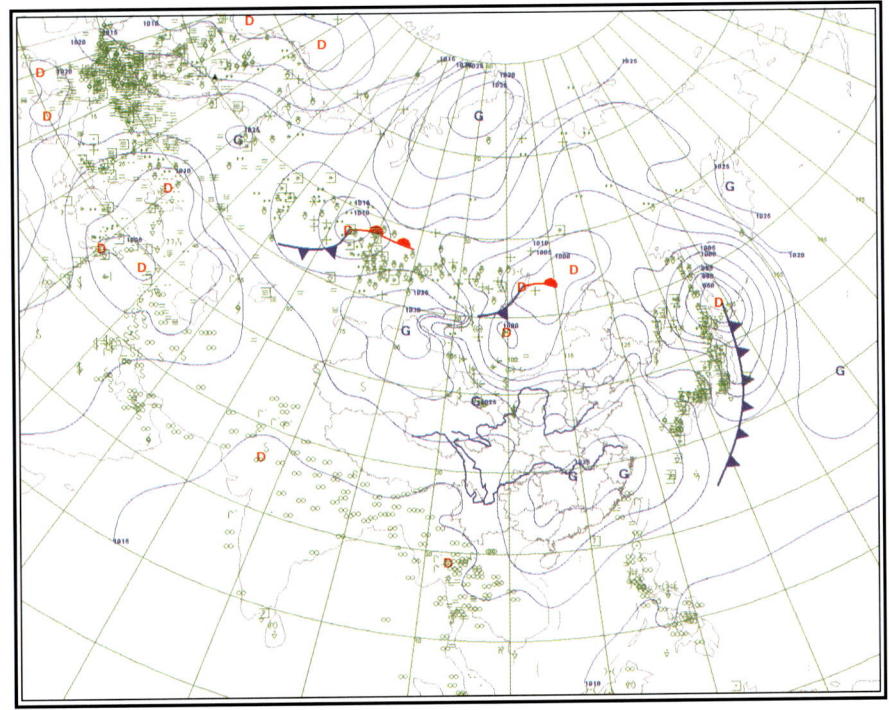

5.3.5 气象卫星监测图

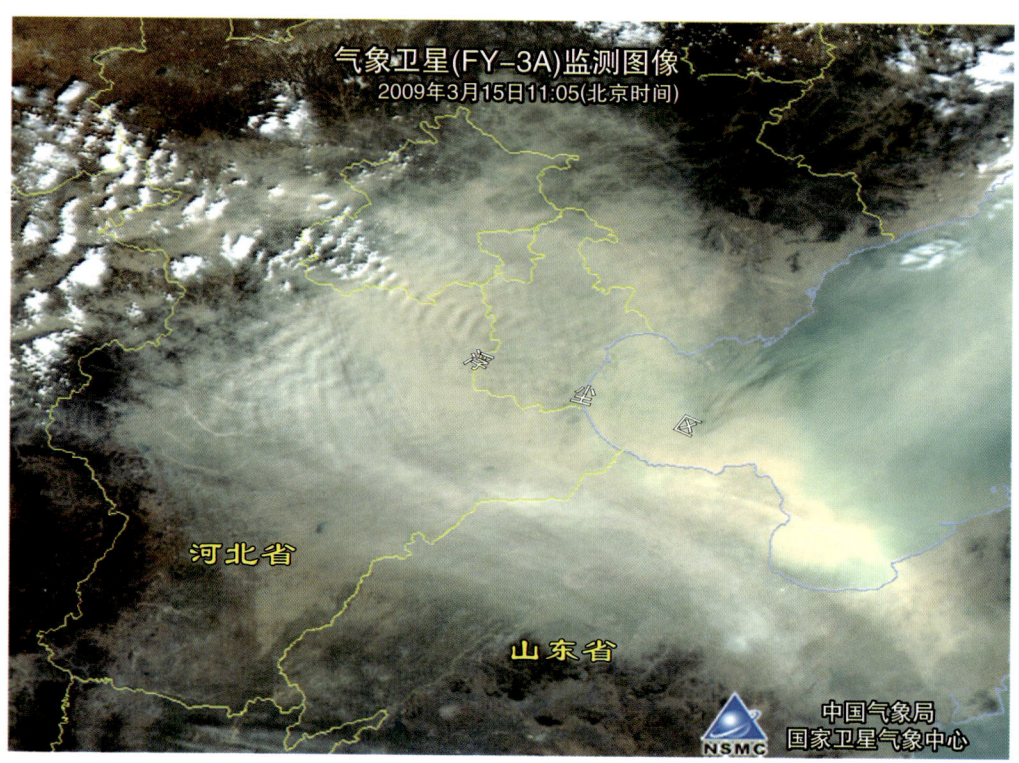

5.4 3月19–21日扬沙天气过程
5.4.1 沙尘天气过程描述

起止时间	3月19–21日
类　　型	扬沙天气过程
最大风速（单位：m·s^{-1}）及出现地点	15 宁夏：惠农 海源
最小能见度（单位：km）及出现地点	0.3 新疆：民丰
沙尘路径	西北路径型
沙尘暴范围	南疆盆地和内蒙古西部的局部地区
强沙尘暴地点	新疆：民丰
影响系统	蒙古气旋 冷锋 热低压

5.4.2 沙尘天气范围图

5.4.3 2009年3月20日20时500 hPa环流形势图

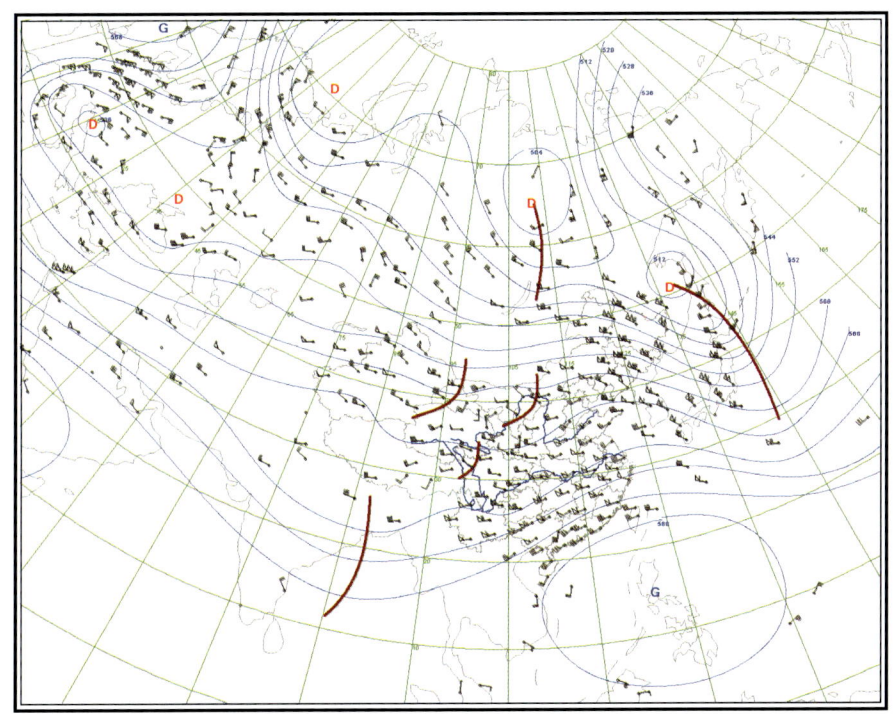

5.4.4 2009年3月20日20时地面天气图

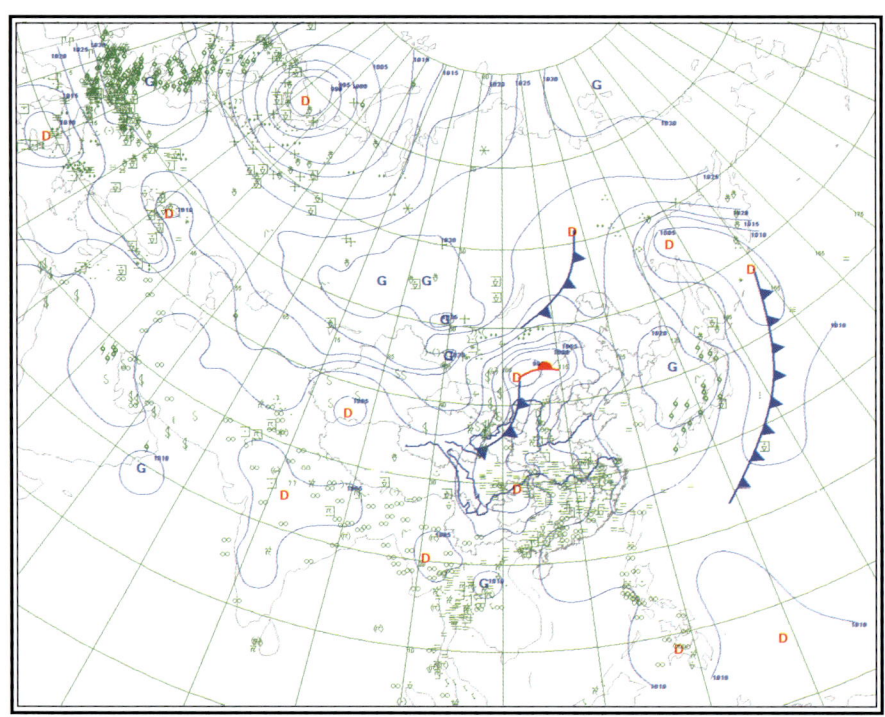

5.4.5 气象卫星监测图

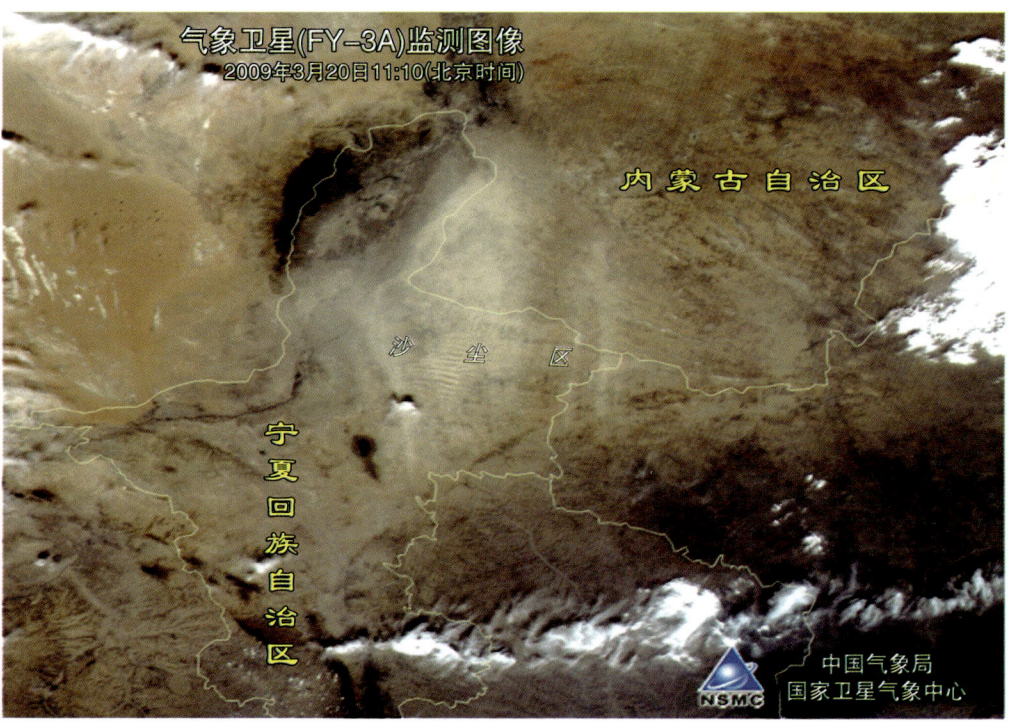

5.5 4月16－19日沙尘暴天气过程

5.5.1 沙尘天气过程描述

起止时间	4月16－19日
类　　型	沙尘暴天气过程
最大风速（单位：m·s^{-1}）及出现地点	15 内蒙古：乌拉特中旗 辽宁：彰武　新民
最小能见度（单位：km）及出现地点	0.1 新疆：民丰
沙尘路径	西北路径型
沙尘暴范围	南疆盆地的部分地区以及 内蒙古西部的局部地区
强沙尘暴地点	新疆：和田　民丰　且末
影响系统	冷锋　气旋

5.5.2 沙尘天气范围图

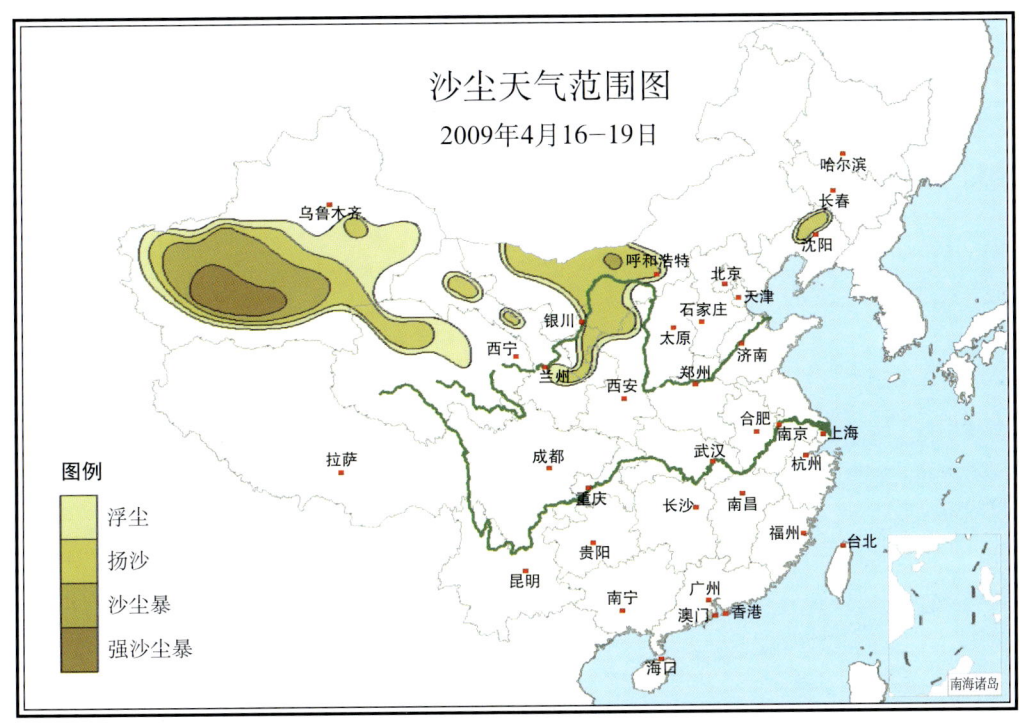

5.5.3　2009年4月17日20时500 hPa环流形势图

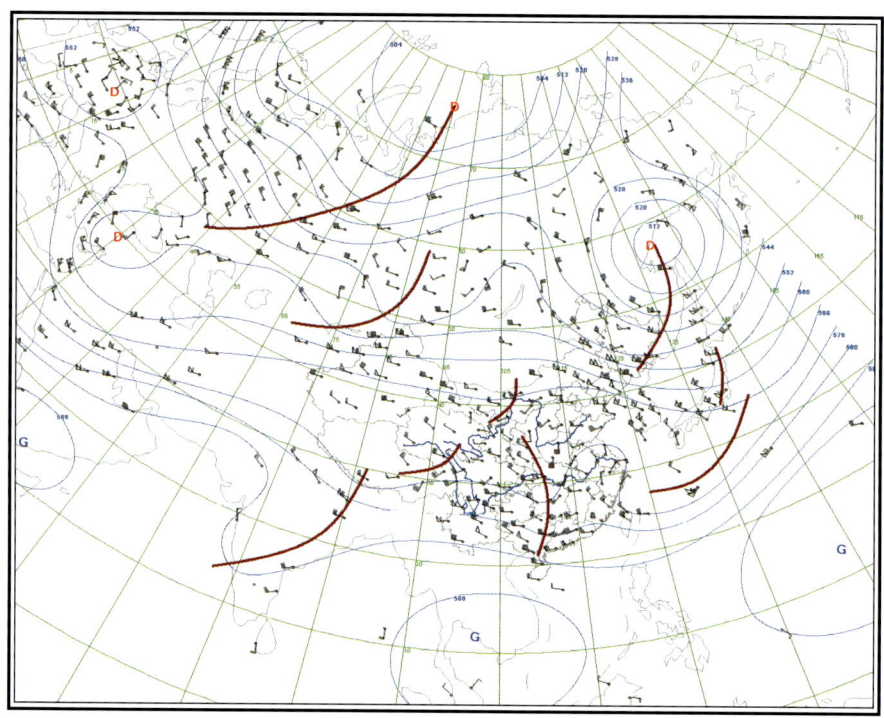

5.5.4　2009年4月17日20时地面天气图

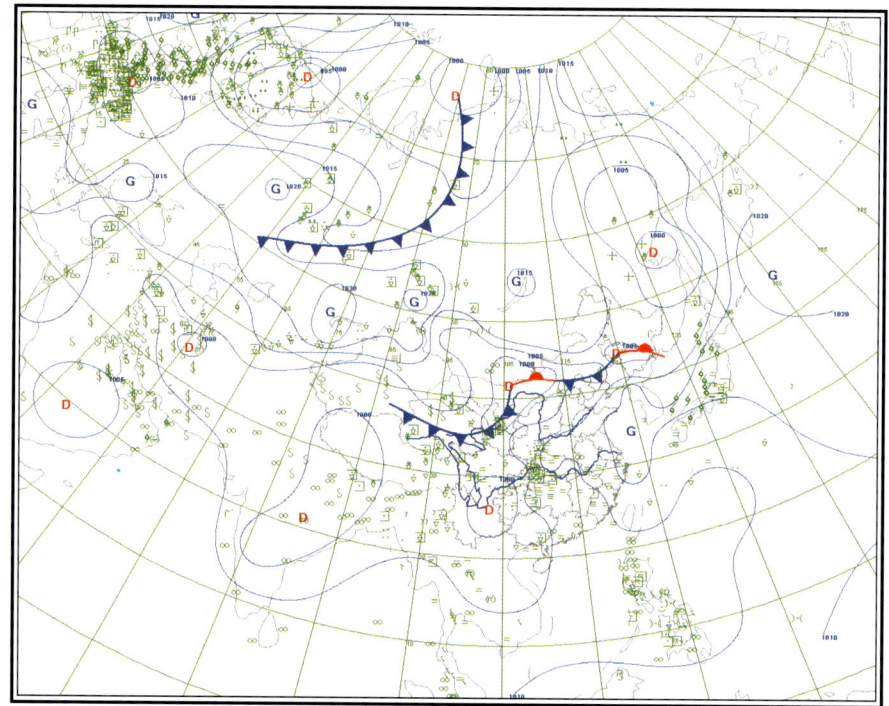

5.5.5 气象卫星监测图

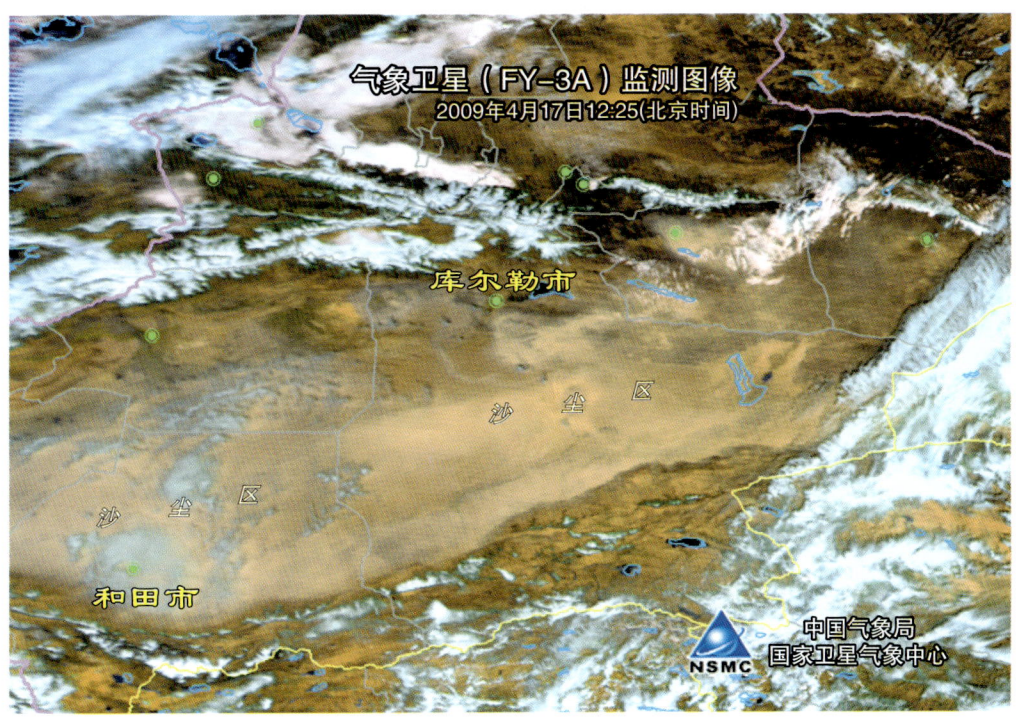

5.6 4月23－25日沙尘暴天气过程
5.6.1 沙尘天气过程描述

起止时间	4月23－25日
类　　型	沙尘暴天气过程
最大风速（单位：m·s^{-1}）及出现地点	16 内蒙古：巴音毛道
最小能见度（单位：km）及出现地点	0.1 甘肃：玉门镇
沙尘路径	西北路径型
沙尘暴范围	甘肃中西部、内蒙古中西部、宁夏东部、陕西西北部的部分地区以及南疆盆地的局部地区
强沙尘暴地点	甘肃：敦煌　玉门镇　民勤 内蒙古：阿拉善右旗　达尔罕联合旗
影响系统	蒙古气旋　冷锋

5.6.2 沙尘天气范围图

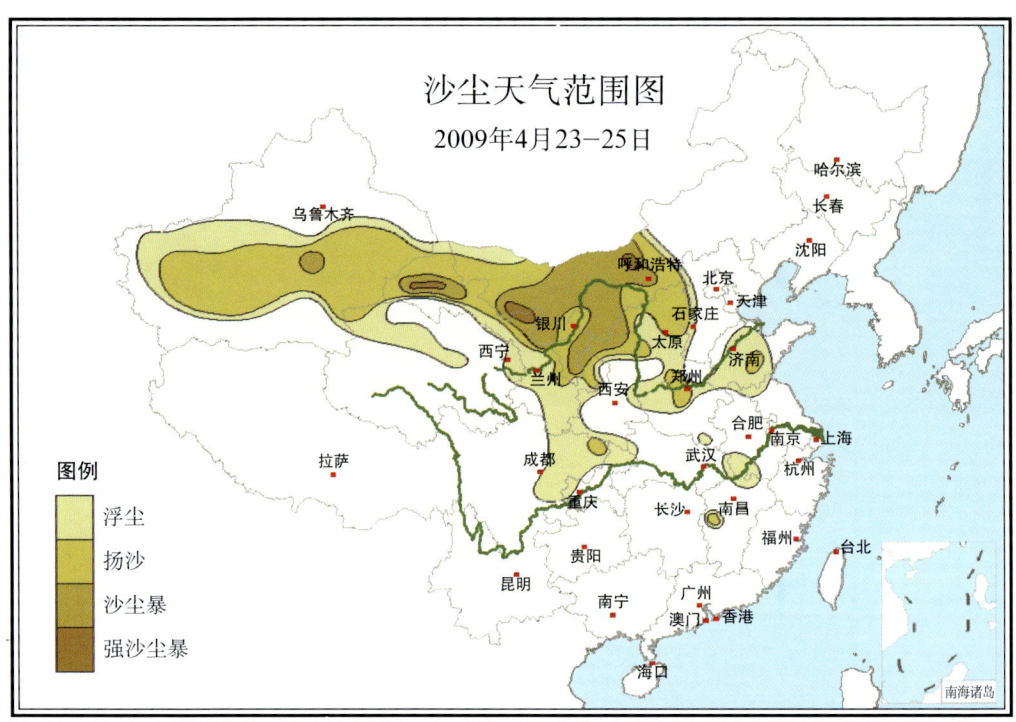

5.6.3 2009年4月23日08时500 hPa环流形势图

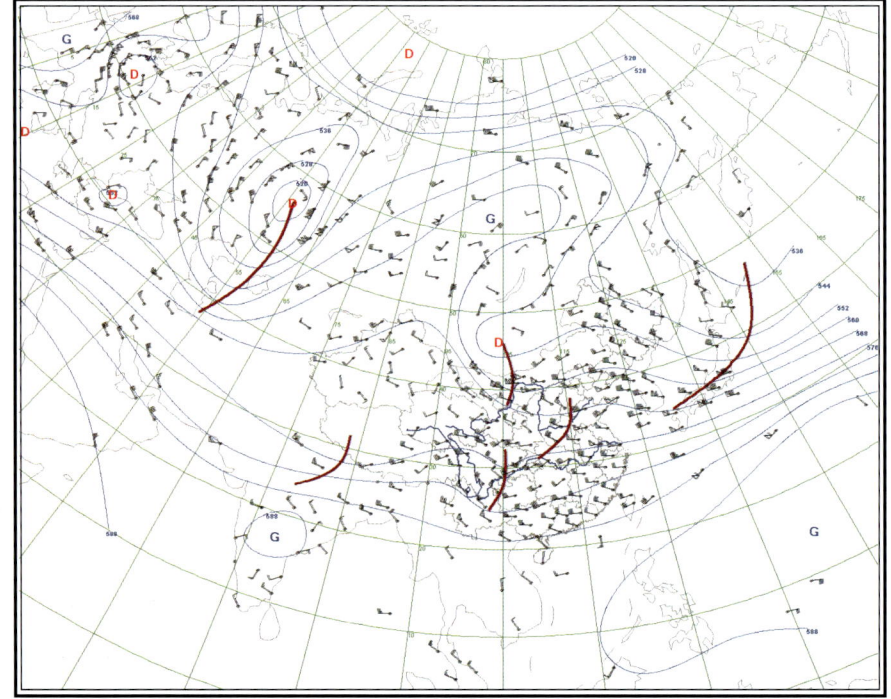

5.6.4 2009年4月23日08时地面天气图

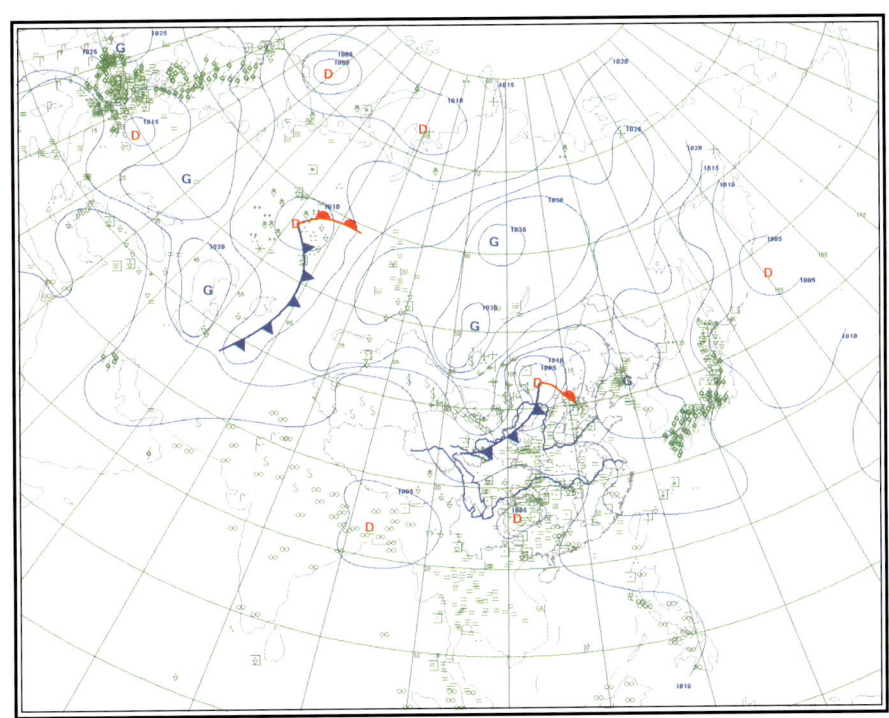

5.6.5 气象卫星监测图

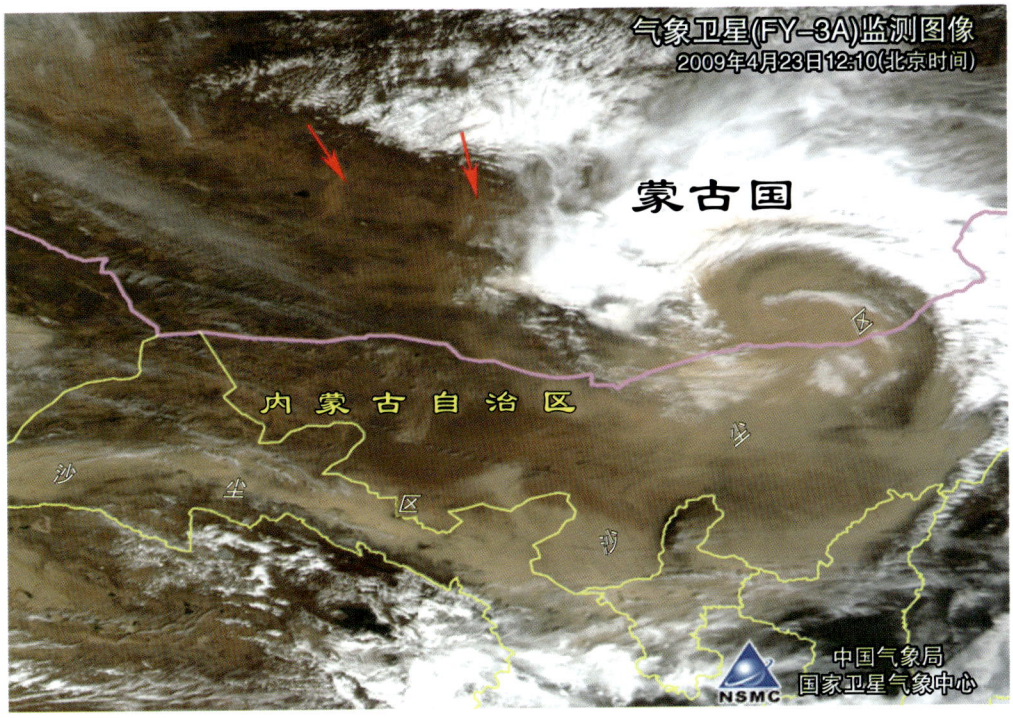

5.7 4月28－30日沙尘暴天气过程

5.7.1 沙尘天气过程描述

起止时间	4月28－30日
类　　型	沙尘暴天气过程
最大风速（单位：m·s^{-1}）及出现地点	15 内蒙古：拐子湖 巴音毛道
最小能见度（单位：km）及出现地点	0.1 青海：诺木洪
沙尘路径	偏西路径型
沙尘暴范围	南疆盆地、甘肃西部、内蒙古西部的部分地区以及青海北部、宁夏中部、陕西西北部的局部地区
强沙尘暴地点	新疆：若羌　甘肃：安西 玉门镇 青海：诺木洪　内蒙古：海力素 乌拉特中旗
影响系统	冷锋 气旋

5.7.2 沙尘天气范围图

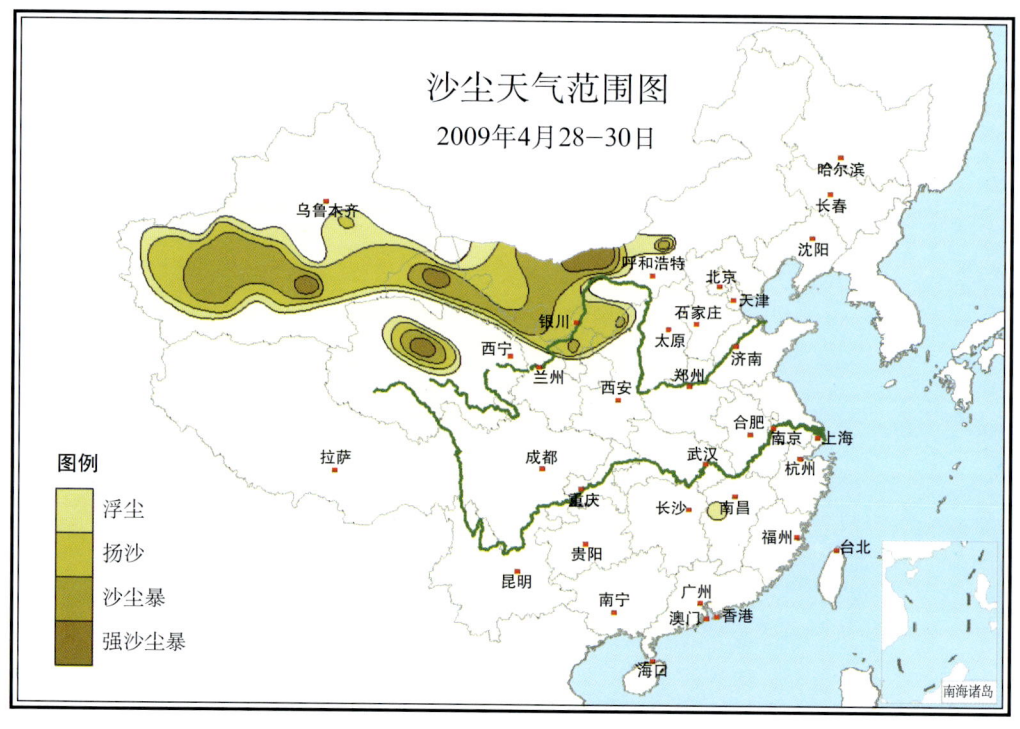

5.7.3　2009年4月30日08时500 hPa环流形势图

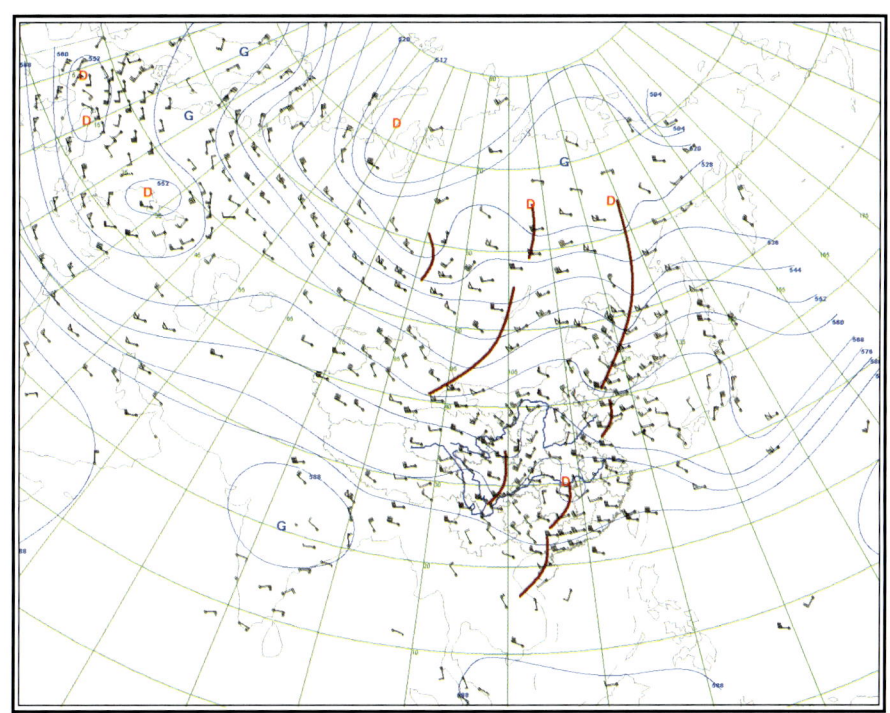

5.7.4　2009年4月30日08时地面天气图

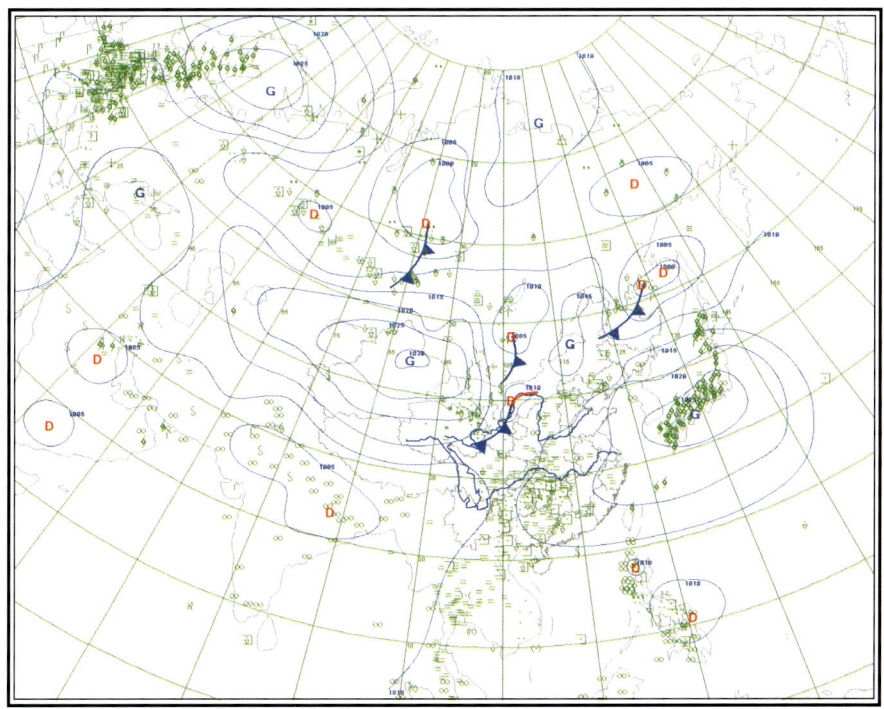

5.7.5 气象卫星监测图

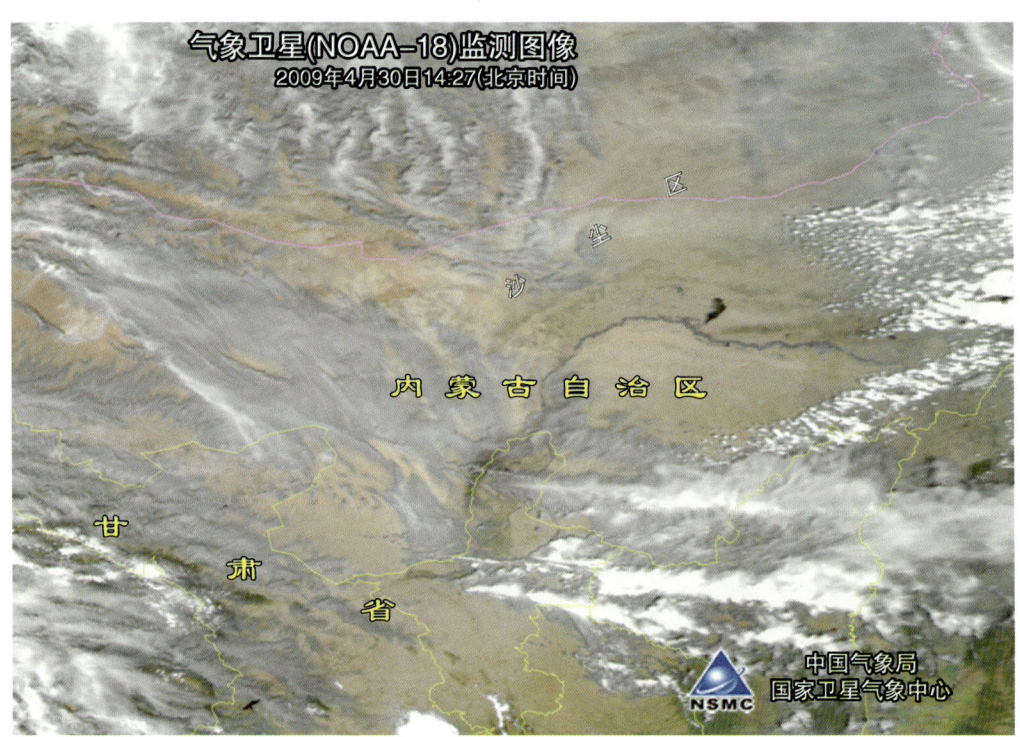

5.8　5月26日扬沙天气过程
5.8.1　沙尘天气过程描述

起止时间	5月26日
类　型	扬沙天气过程
最大风速（单位：m·s^{-1}）及出现地点	17 内蒙古：海力素
最小能见度（单位：km）及出现地点	0.4 新疆：且末
沙尘路径	局地路径型
沙尘暴范围	南疆盆地、内蒙古西部的局部地区
强沙尘暴地点	新疆：且末
影响系统	冷锋　气旋

5.8.2 沙尘天气范围图

5.8.3 2009年5月26日20时500 hPa环流形势图

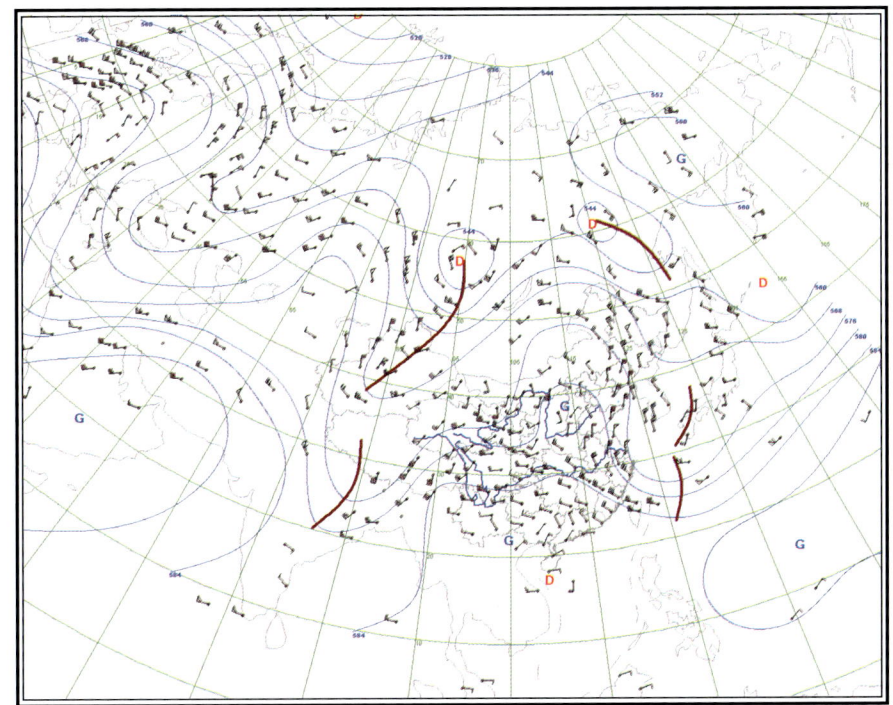

5.8.4　2009年5月26日14时地面天气图

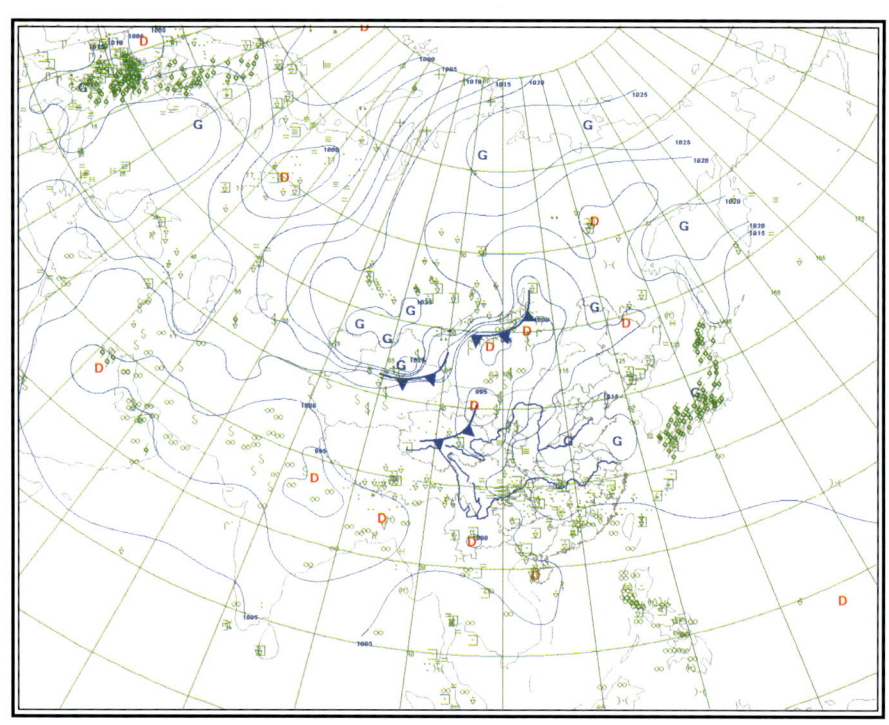

5.9　10月17－18日扬沙天气过程
5.9.1　沙尘天气过程描述

起止时间	10月17－18日
类　　型	扬沙天气过程
最大风速（单位：m·s^{-1}）及出现地点	16 内蒙古：拐子湖
最小能见度（单位：km）及出现地点	0.7 内蒙古：海力素
沙尘路径	偏西路径型
沙尘暴范围	内蒙古中西部的局部地区
强沙尘暴地点	/
影响系统	冷锋　蒙古气旋

5.9.2 沙尘天气范围图

5.9.3 2009 年 10 月 18 日 08 时 500 hPa 环流形势图

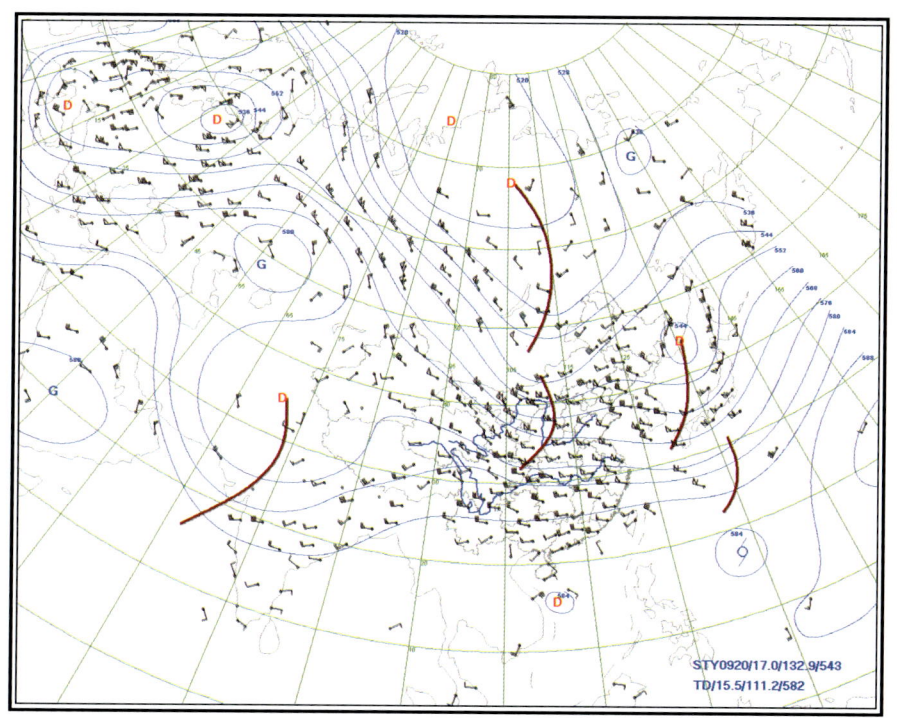

5.9.4　2009年10月18日14时地面天气图

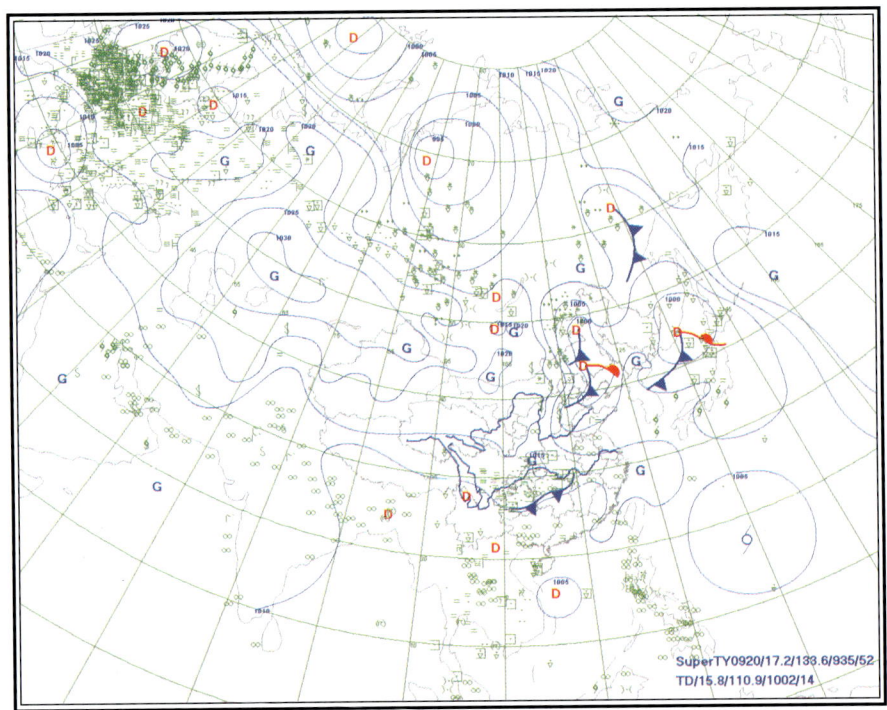

5.9.5　气象卫星监测图

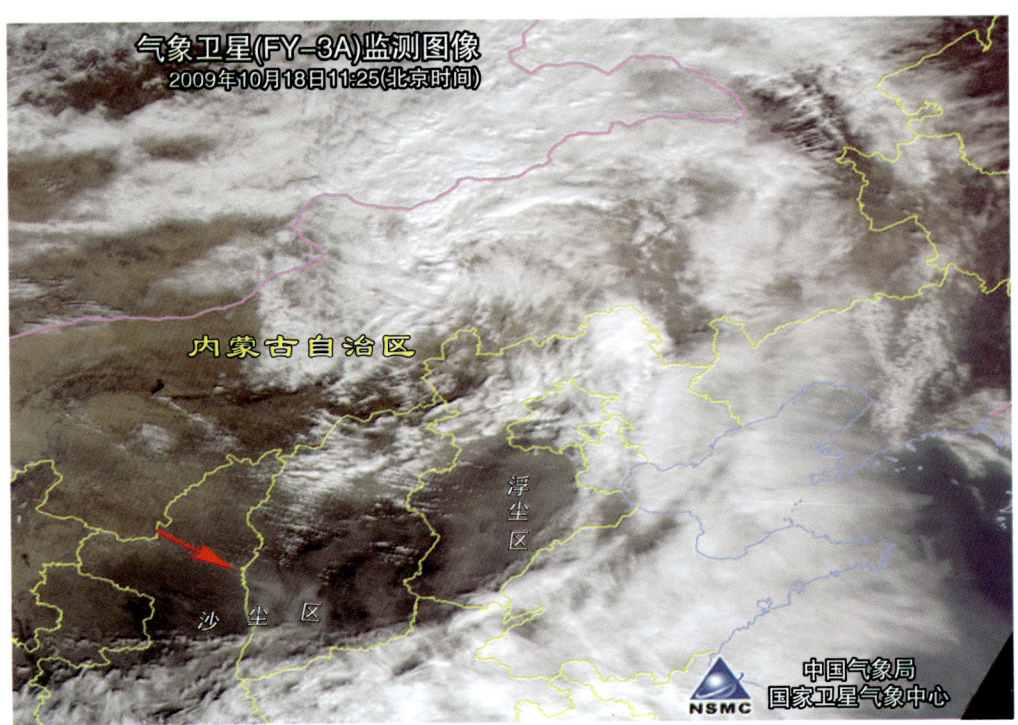

5.10 12月24－25日沙尘暴天气过程

5.10.1 沙尘天气过程描述

起止时间	12月24－25日
类　　型	沙尘暴天气过程
最大风速（单位：m·s^{-1}）及出现地点	16 内蒙古：朱日和
最小能见度（单位：km）及出现地点	0.2 内蒙古：朱日和　呼和浩特
沙尘路径	偏西路径型
沙尘暴范围	内蒙古中部的部分地区 以及内蒙古西部、南疆盆地和 新疆东部的局部地区
强沙尘暴地点	内蒙古：朱日和　呼和浩特
影响系统	冷锋　蒙古气旋

5.10.2 沙尘天气范围图

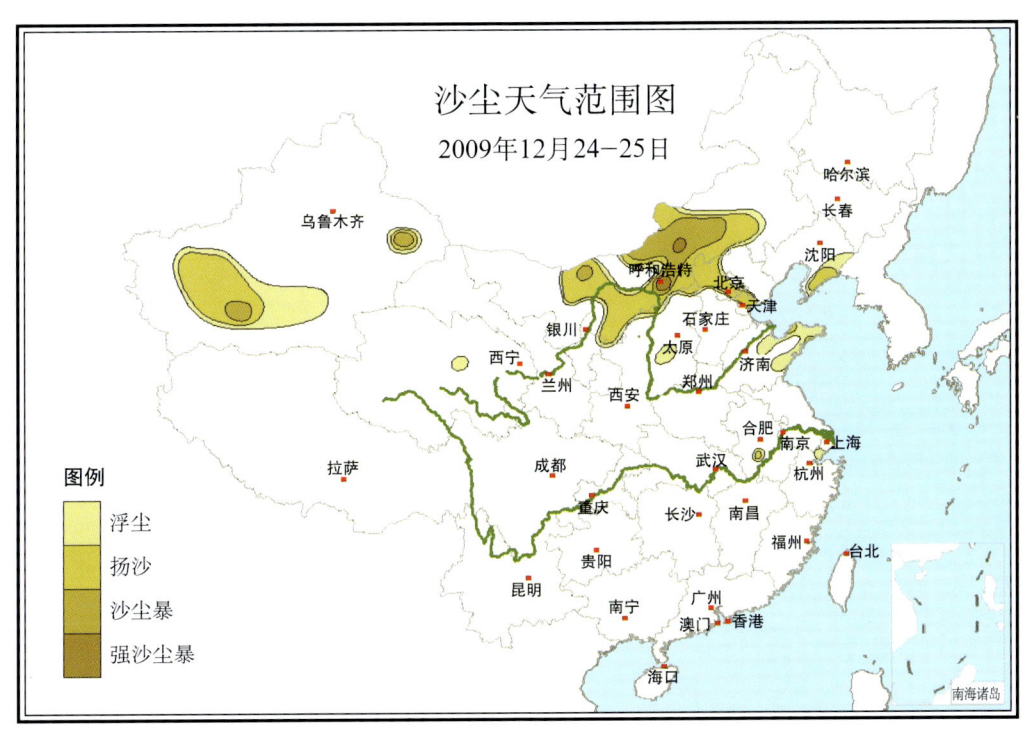

5.10.3　2009 年 12 月 24 日 08 时 500 hPa 环流形势图

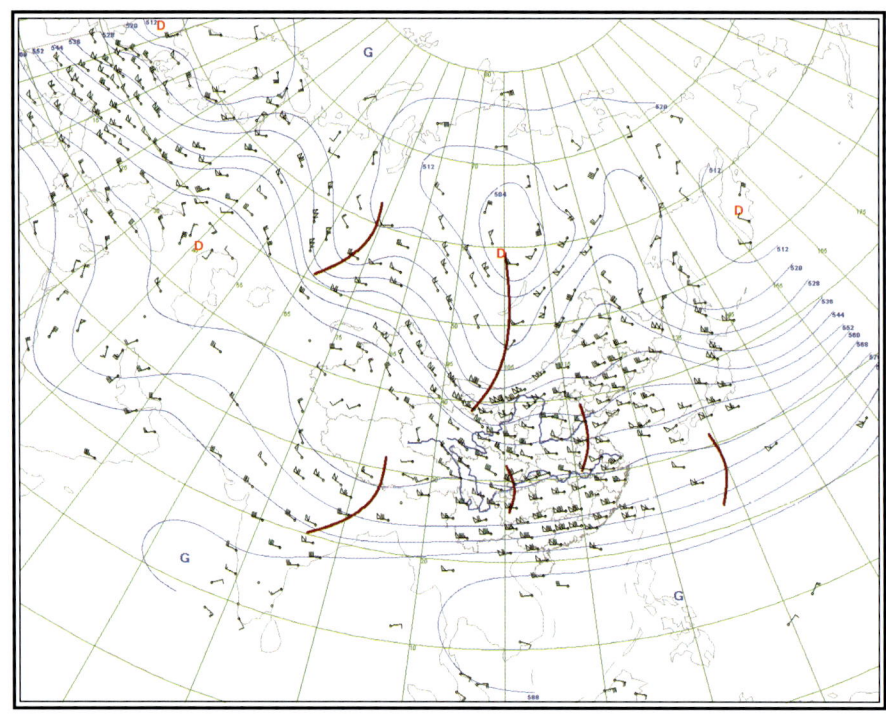

5.10.4　2009 年 12 月 24 日 14 时地面天气图

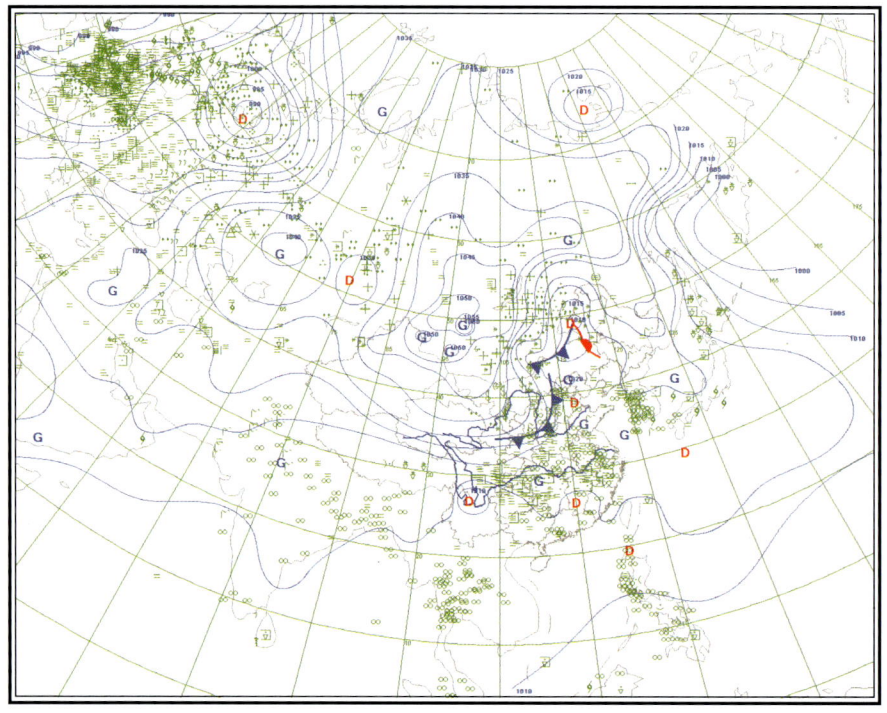

5.10.5 气象卫星监测图

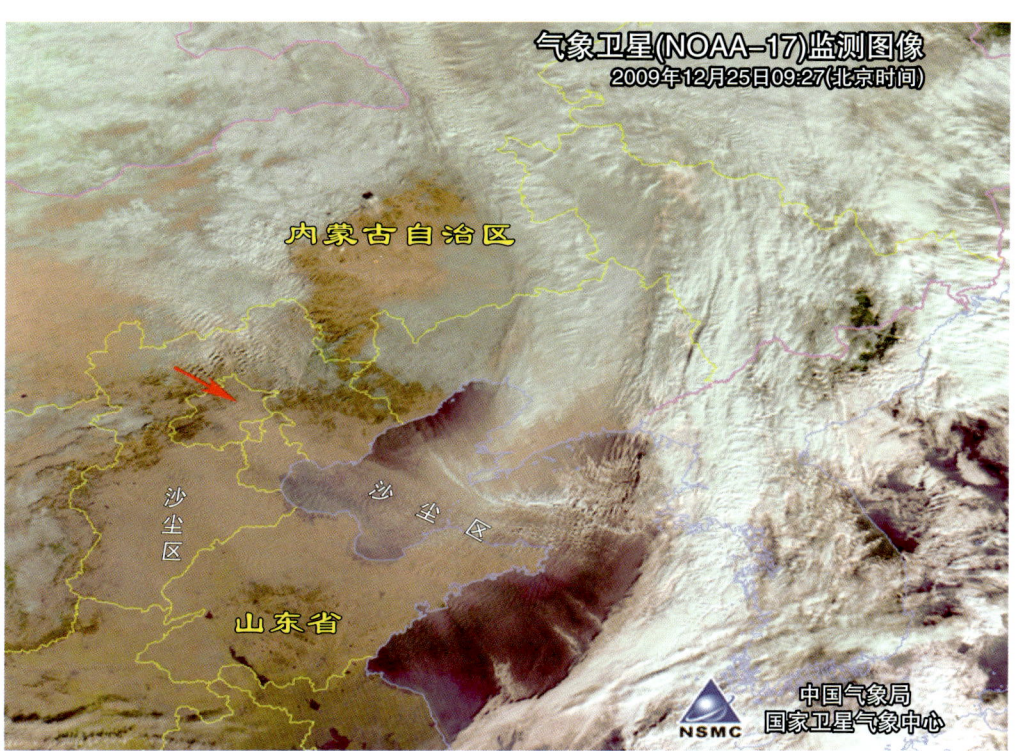